AF261743

HARRY ALIS

PROMENADE

EN ÉGYPTE

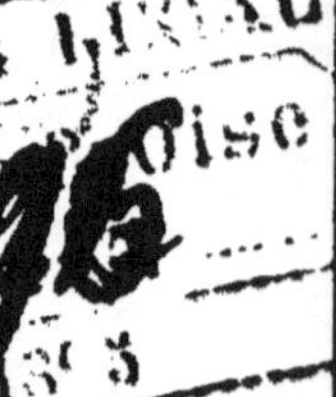

PROMENADE

EN

ÉGYPTE

OUVRAGES DE M. HARRY ALIS

A la Conquête du Tchad . . . . 10 fr.
Nos Africains . . . . 12 fr.
Promenade en Égypte . . . . 4 fr.

Hara-Kiri. 1 vol. . . . . 3 fr. 50
Reine Soleil. 1 vol. . . . . 3 fr. 50
Miettes. 1 vol. . . . . 3 fr. 50
Petite ville. 1 vol. . . . . 3 fr. 50
Quelques fous. 1 vol. . . . . 3 fr. 50

8313-91. — Corbeil. Imprimerie Crété.

HARRY ALIS

PROMENADE

EN

ÉGYPTE

OUVRAGE CONTENANT 28 GRAVURES

PARIS

LIBRAIRIE HACHETTE ET Cie

79, BOULEVARD SAINT-GERMAIN, 79

1895

COURTE PRÉFACE

Dans le livre qu'elle a publié sur l' « industrie des voyages » l'agence Cook a inséré cette phrase pleine d'humour : « La seule chose dont on puisse se plaindre est que trop de personnes se figurent que le voyage qu'elles ont accompli sous les auspices de MM. Cook et Fils mérite de faire l'objet d'un volume. » Au moment de raconter ma promenade en Égypte, cette sage observation m'a conduit à un retour sur moi-même. Le besoin se faisait-il vraiment sentir de publier un nouveau volume sur le pays du Nil? Étais-je en tout cas spécialement qualifié pour cela, moi qui ne suis ni égyptologue, ni économiste, ni peintre, — pas même architecte, comme disait notre illustre Rodolphe Salis à un intrus fourvoyé dans le premier petit cénacle du Chat Noir?

Mais lorsqu'on a décidé de faire quelque chose

— j'allais dire... une sottise, — ne trouve-t-on pas cent bonnes raisons pour le justifier?

La lecture même du livre de MM. Cook était pour me rassurer : ces hommes extraordinaires qui ont mille fois sillonné l'univers dans tous les sens, qui n'ont pas laissé un seul « point de vue » sans lui adjoindre un guide, qui passèrent parfois cent nuits, dans une même année, sans coucher dans un lit, toujours par voies et par chemins — ces voyageurs prodigieux eux-mêmes ne paraissent pas avoir consigné dans leur livre une quantité notable de choses spécialement profitables à l'humanité.

Combien, d'autre part, à l'occasion de mes compilations africaines, ai-je lu de ces relations d'explorateurs célèbres, si séduisantes au premier abord et qu'on finit par trouver singulièrement monotones, parce qu'aux énumérations de tribus nègres, aux descriptions de danses, de cases, de pirogues, s'ajoute rarement cet attrait que peut seule donner la personnalité intellectuelle de l'auteur.

Ne préfère-t-on pas parfois, en fin de compte, les livres d'écrivains qui ont simplement voyagé autour de leur chambre?

J'en conclus que l'intérêt d'un livre n'a qu'un rapport éloigné avec l'importance du voyage qu'il raconte. Et s'il est présomptueux d'espérer que ces notes sur l'Égypte puissent présenter en elles-mêmes une valeur qui les rende estimables pour l'ensemble du public, — du moins pourront-elles plaire par leur actualité, par leur sincérité, par leur simplicité même, aussi bien aux voyageurs qui ont suivi le même itinéraire qu'à ceux qui se proposent de le suivre prochainement. Si les uns et les autres y rencontrent quelques renseignements utiles, ou la peinture fidèle de sensations qu'ils ont également ressenties et si de ce chef ils éprouvent quelque sympathie intellectuelle pour l'auteur, celui-ci pensera n'avoir pas fait œuvre inutile et se tiendra pour complètement satisfait.

PROMENADE EN ÉGYPTE

ITINÉRAIRES

Les personnes pour qui le voyage en mer est un plaisir choisissent ordinairement la voie de Marseille pour se rendre en Égypte. La traversée est un peu plus longue — cinq jours — mais elle se fait à bord de bateaux français, bien aménagés, pourvus d'une excellente cuisine.

La route d'Italie est préférée par ceux qui aiment à s'arrêter en route, et aussi par ceux qui redoutent le mal de mer. En s'embarquant à Naples, on peut réduire la traversée à trois jours et demi — à trois jours par Brindisi, — à bord des grands bateaux indiens de la *Peninsular and Oriental Company.*

Nous fûmes particulièrement séduits par l'idée d'abréger le séjour en mer et de cheminer sans fatigue à travers l'Italie. Janvier est pourtant un mauvais mois pour visiter ce pays. Quand même on aurait la chance, au dehors, de jouir du soleil, les salles glaciales des collections particulières et des musées dispenseraient encore avec une générosité regrettable les rhumes et les bronchites.

A Gênes, durant les vingt-quatre heures de notre séjour, la pluie ne cessa pas un seul instant de tomber. Combien nous regrettions Nice, où nous avions laissé un ciel radieux! Il nous aurait paru assez intéressant de nous arrêter à Carrare où venait d'éclater un soulèvement anarchiste; mais il y pleuvait d'une façon décourageante. A Rome, la fâcheuse bronchite nous força de demeurer presque une semaine; et, quand nous pûmes nous enfuir, c'est entre des montagnes aux cimes couvertes de neige que nous fîmes le voyage de Naples; beaucoup de nos compatriotes ont de l'Italie une idée tout autre. La vérité est qu'au point de vue de l'hivernage, aucune région de l'Italie, pas même Naples, ne vaut notre cher pays de Nice et de Cannes.

A Naples, en attendant le *Bengal*, qui devait nous conduire à Port-Saïd, nous fîmes quelques excursions traditionnelles : Pompéi, Herculanum, ces merveilles, le Vésuve, ce volcan pour touristes. Il est assurément fort agréable de partir en landau et de gravir ainsi confortablement les flancs de la montagne. Les villages que l'on traverse, puis la campagne, où les vignes et les arbres fruitiers poussent dans les espaces épargnés par les coulées de lave, sont un spectacle amusant. C'est alors, presque au début de la montée, qu'il faut admirer le panorama splendide qu'offre, à droite le golfe avec les maisons blanches de Naples en amphithéâtre, et, par devant, les îles bizarrement découpées, tantôt brillantes et tantôt estompées, selon les jeux de la brume et de la lumière, s'élevant au milieu de l'immense étendue liquide, à gauche lesmontagnes du Sud et, plus près, la merveilleuse plaine semée de villages et de fermes. A mesure qu'on s'élève, ce spectacle devient moins enchanteur : les reliefs s'aplatissent, les couleurs s'atténuent, les choses se confondent, les grandes lignes seules persistent et c'est finalement une véritable carte géographique que l'on a sous les yeux, plutôt qu'un tableau charmant de coloris et de dessin. Toutefois, l'aspect de la montagne elle-même est de plus en plus saisissant dans sa désolation : les petits coins de cultures, généralement affectés aux renommées vignes du Vésuve deviennent rares, ainsi que les maisons où habitent ces paysans insoucieux qui, au sens littéral, dorment sur un volcan. Bientôt on ne voit plus autour de soi que laves et que scories. La route est tracée sur des matières noirâtres et de part et d'autre s'étendent à perte de vue les vagues tourmentées de ces monstrueux torrents solidifiés. C'est un spectacle qui ne manque pas de grandeur farouche. Le cône terminal du Vésuve est, comme on sait, un domaine de MM. Cook and Son : c'est à eux qu'appartiennent le restaurant qui rend cette promenade spécialement aisée et confortable, et aussi le chemin de fer funiculaire qui permet de gravir sans fatigue jusqu'au cratère.

Cette dernière partie de l'excursion s'impose comme un devoir, mais elle est d'un agrément discutable : Déjà, durant l'effrayante ascension en wagonnet, commence, si le vent n'est pas propice, la pluie de cendres. Arrivés au sommet, elle redouble : on est aveuglé par cette poussière, empoisonné par les odeurs de soufre.

La file des gens larmoyants se dirige par un chemin consciencieusement tracé jusqu'au cratère, un grand trou rempli de fumée, où l'on entend des bruits de pierres vomies et retombantes, et où l'on ne voit absolument rien. J'ai dit que c'était un devoir : du moins, en redescendant, on sait ce qu'est un volcan....

J'ai deux choses à recommander spécialement à mes compatriotes de passage à Naples : la première, c'est de ne pas descendre à l'hôtel West-End ; la seconde, c'est, s'ils sont amateurs d'antiquités, de faire une visite aux collections du signor Vincenzo Barone, 6, Trinita Maggiore. Lorsque les paysans de la région trouvent dans leurs champs des bronzes, des marbres ou des poteries, — on peut dire que le sol en est pavé, — c'est généralement à M. Barone qu'ils vont les vendre et celui-ci les cède aux voyageurs à des conditions fort raisonnables. Il est à noter, dans ce pays d'Italie où la contrefaçon des objets d'art antiques est devenu une profession courante, que l'expérience et la parfaite honorabilité de M. Barone offrent toutes garanties. Or, ces bibelots présentent cent fois plus d'intérêt, même pour ceux qui désirent simplement emporter un souvenir que les reluisantes copies de bronze ou les affreuses images peinturlurées qui se vendent un peu partout....

Mais voici que je me laisse entraîner à parler de Naples. Ceci n'entre pas dans mon sujet. Aussi bien, le *Bengal* est ancré dans le port. Un petit *steamer-launch* nous conduit à bord ; dans l'entrepont, un marché est établi : des ébénistes

vendent aux passagers ces menus objets en
mosaïque de bois qu'on trouve maintenant sur
tout le littoral : albums, cadres, etc. Le vapeur
embarque d'un côté du charbon, de l'autre des
provisions de bouche, quartiers de bœuf, moutons écorchés, caisses d'oranges, de carottes,
sacs de pommes de terre. Il est cinq heures ; on
va lever l'ancre : les petits commerçants sau-
tent dans les barques qui grouillent autour du
Bengal; des râcleurs et râcleuses de violon,
accompagnent le *Funiculi Funicula*, que hurlent
ou nasillent leurs camarades ; la sirène mugit.
La nuit est venue ; il est trop tard pour jouir du
merveilleux spectacle qu'offre la baie de Naples,
mais c'est encore quelque chose de curieux et
de saisissant que ces lumières tremblotantes
innombrables étagées en amphithéâtre et arrondies en demi-cercle autour de nous, seul indice
par où se révèle encore la grande cité ensevelie
dans l'ombre.

Le lendemain, à la première heure, nous nous
réveillons à l'entrée du détroit : Charybde et Sylla
sont déjà passés, nous apercevons fuyant presqu'au
niveau de l'eau les blanches maisons de Messine,
en Sicile, et, beaucoup plus près de nous, les quais
de Reggio sur la terre péninsulaire, dominés
par des coteaux verdoyants. Les deux côtes sont

étrangement pittoresques ; le gai soleil atténue un peu le caractère farouche des crêtes siciliennes : dans le lointain commence à apparaître la cime neigeuse de l'Etna, perdue dans les nuages. Durant des heures, nous apercevons encore les derniers promontoires européens, puis ils s'estompent peu à peu dans la brume et disparaissent. L'immense nappe bleue s'étend de toutes parts autour de nous à perte de vue : les premiers rivages que nous apercevrons maintenant seront ceux d'un autre continent.

I

De Port-Saïd au Caire.

Quelques. heures après avoir dépassé les eaux rougeâtres, sales, que la bouche de Damiette vomit dans la mer bleue, le bateau arrive en vue de Port-Saïd. J'imagine que tout le monde doit ressentir ici une impression qui persiste pendant la traversée de l'isthme; c'est qu'on traverse un territoire amphibie. Dès l'abord, on aperçoit sans doute des jetées qui s'avancent dans la Méditerranée; çà et là des blocs d'aggloméré tracent des lignes protectrices; ou encore des tapis de sable simulent un rivage. Mais tout cela est peu élevé : devant, derrière, à gauche, à droite, l'eau réapparaît si bien que la ville semble jaillir du sein même des flots. Longtemps après avoir quitté le pont du navire, on a peine à se croire vraiment sur la terre ferme.

Les personnes qui ont fait escale en Orient connaissent l'amusante prise d'assaut des steamers par la bande bariolée des portefaix arabes, employés d'hôtel, drogmans, bateliers, criant, piaillant, dans toutes les langues, dont le mélange naturel forme ce volapük méditerranéen qu'on nomme *sabir*. Ce qui n'est pas moins curieux, c'est d'observer l'étrange cohue noire et hurlante, massée sur des pontons, qui s'apprête à renouveler la provision de charbon du navire. Ceux-ci se lancent à leur tour à l'assaut, toujours vociférant; ils mettent une telle ardeur qu'ils semblent une troupe de noirs démons courant à la conquête de quelque infernal trésor; ils se poussent, s'injurient, tombent à l'eau, se raccrochent aux cordes, toujours sans lâcher leurs pelles.

La moitié des passagers du *Bengal*, allait aux Indes, l'autre moitié se dirigeait comme nous vers le Nil. La traversée avait été assez dure; nous étions pressés de débarquer pour jouir du beau soleil, que nous n'avions guère revu depuis plusieurs jours.

Je ne crois pas qu'il existe au monde une ville plus complètement cosmopolite que Port-Saïd. Non seulement toutes les nations, toutes les langues y sont représentées, mais la plupart des boutiques portent des enseignes amusantes par le mélange des nationalités qu'elles révèlent.

Le français y domine pourtant, et c'est une joie de le constater lorsqu'on vient de passer tant de jours sur un bateau où nul ne connaît notre langue, ou dans ces vastes caravansérails modernes que les Anglais voyageurs ont marqué de leur cachet indélébile. Après le français, ce sont le grec et l'italien qui paraissent le plus répandus ; on sait, d'anglais, juste ce qui est nécessaire pour prélever le tribut sur la curiosité ou la générosité des passagers des steamers. Dans le reste de l'Égypte, les enfants en sont restés au mot *backchich*, qui paraît former le fond de leur vocabulaire ; ici ils savent dire : « one penny »; si la formule diffère, la pensée est toujours la même.

La nuit venue, nous allâmes voir une dernière fois le *Bengal*. Il se remettait en marche avec majesté, éclairant au loin sa route au moyen de ses projecteurs électriques.

Tout ceci n'est sans doute pas très nouveau, car il est remarquable que les Français, qui voyagent le moins, sont ceux qui ont le mieux et peut-être le plus abondamment noté leurs impressions. Mais ce qui est assurément neuf, c'est le court voyage en chemin de fer que nous avons fait pour nous rendre de Port-Saïd à Ismaïlia. Ce petit railway à voie étroite a été, en effet,

inauguré, il y a un mois à peine(1). Il appartient
à la Compagnie du Canal.

J'aime toujours beaucoup voyager en compagnie d'étrangers, car les remarques habituelles
sur les personnes, déjà amusantes et variées, se
doublent par l'intérêt des observations spécifiques.
Les quinze touristes anglais que transportait
notre train furent particulièrement frappés par
cette réflexion qu'ils auraient dû emporter de l'eau
de Port-Saïd, pour mettre dans leur whisky, car
il est difficile de s'en procurer aux stations, bien
qu'elles soient desservies par le canal d'eau
douce. Vraiment, ils ne pensèrent guère à autre
chose et ne regardèrent pas au dehors. Ils n'a-
vaient, en effet, là-dessus aucune indication,
aucun fait positif très marqué ne leur était an-
noncé par leurs Guides. Et pourtant, ce court
voyage produira, j'en suis sûr, des impressions
violentes et multiples sur tout Français arrivé
directement du continent à Port-Saïd.

La ligne court durant trois heures dans le
sable. Le spectacle est, de part et d'autre, si nouveau, si singulier, qu'on ne sait vers quelle portière tourner ses yeux intéressés : à l'est court,
parallèlement à la voie le petit canal d'eau douce

(1) Janvier 1891.

qui approvisionne Port-Saïd, et par derrière le canal maritime animé d'une vie spéciale; des vapeurs de toute dimension, battant le plus souvent pavillon anglais, cheminent lentement entre les berges: parfois celles-ci s'élèvent, les mâts seuls demeurent visibles et il semble alors que les navires glissent sur une mer de sable. Des grues gigantesques, munies de longs couloirs latéraux, déversent au loin, par-dessus les berges, les matières recueillies au fond du canal. Du même côté de la voie sont les stations du chemin de fer, maisonnettes jetées au milieu du désert et bientôt entourées d'arbres souffreteux. Aussi loin que la vue peut s'étendre, on n'aperçoit que le sable grisâtre, irrémédiablement infertile, du désert arabique. A l'ouest, à quelques mètres de la voie ferrée, l'immense lac Menzaleh déploie ses eaux frissonnantes sous une forte brise. Quelques barques de pêcheurs, des chameaux cheminant sur les rives, surtout des oiseaux en bandes innombrables lui donnent une animation imprévue. Jamais, même autour des îles Hébrides, je n'ai vu pareille abondance d'oiseaux : canards, sarcelles, goélands, hérons. ibis, flamants, toutes les espèces aquatiques y sont représentées. Presque partout l'horizon est barré d'interminables lignes d'un blanc éclatant dont la régularité et l'immobilité étonnent. Au coup de sifflet de la locomotive, le cordon se disloque, les oiseaux prennent leur vol, montrant la rose transparence de leurs ailes et le train retentit de cris d'admiration. Mais par-dessus tout domine, comme la veille, la sensation d'être sur quelque chose de mal défini et de peu solide, moitié sable et moitié eau, et une admiration vous pénètre pour ceux qui ont su créer de si grandes choses avec ces éléments fragiles, cette communication entre l'Extrême-Orient et l'Europe, dont les puissants steamers, glissant dans les sables, attestent la prodigieuse portée.

La nouvelle voie rejoint à Ismaïlia l'ancienne ligne qui fait communiquer cette ville, d'une part avec Suez, de l'autre avec le Caire.

Le transbordement qui s'opère en ce point est assez fâcheux; il faut enregistrer à nouveau les bagages, reprendre des billets ; le délai est trop court pour qu'on puisse visiter la ville dont l'histoire récente rappelle cependant de si remarquables souvenirs.

Il est une heure de l'après-midi : jusqu'au coucher du soleil, nous allons maintenant courir à travers l'Égypte. Nous la verrons — et c'est encore une raison de choisir pour l'arrivée la voie de Port-Saïd — sous ses deux principaux aspects :

le Désert et le Delta. Rien de plus nu, de plus stérile que l'interminable vallonnement grisâtre du désert arabique, qui s'étend au nord de la voie, mer aussi inclémente que celle que nous venons de quitter, dont les vagues poussiéreuses, tantôt demeurent immobiles et tantôt, sous l'action du vent, remplissent l'air de tourbillons brûlants. Et pourtant le cœur éprouve comme une accélération joyeuse à voir ce sable, qui justement bat aujourd'hui les vitres emporté par le khamsin, former ensuite, en fuyant, des nuées rougeâtres, car tout cela c'est d'abord le Nouveau, le Sublime Inconnu, qui demeure la ressource suprême des âmes ennuyées, et c'est aussi cette terre d'Égypte où chaque pas remue de la poussière d'histoire autour d'un présent admirablement coloré.

Peu à peu, au sud de la ligne, des plaques intensement vertes sont jetées sur la grisaille du désert. Mais cela prépare à peine l'esprit à la stupéfiante splendeur qui va suivre, lorsque le train, ayant dépassé Tell-el-Kébir, pénètre par Zagazig, au cœur du Delta. Je pense avoir lu tout ce qui a été publié sur l'Égypte contemporaine, mais aucune description ne m'avait donné l'impression d'une campagne aussi animée, d'une pareille activité, au milieu d'une telle splendeur de ver-

dure. Sur la vaste note verte enchanteresse des
jeunes céréales et des fourrages, jaillissent des
bouquets de palmiers dattiers, qui semblent

PORTEUSES D'EAU.

dressés exprès sur l'horizon pour le plaisir des
yeux, tant ils ont de grâce décorative. Ils abritent
les maisons de limon durci des fellahs. La verdure est coupée par les canaux d'arrosage dont

les berges forment les routes où circule une foule bigarrée, grouillante de chameaux, d'ânes et d'innombrables êtres humains : fellahs enturbannés, vêtus de la simple robe bleue, enfants à demi nus juchés sur des ânes, fellahines couvertes d'étoffe noire, portant des cruches en équilibre sur la tête ou des enfants à califourchon sur l'épaule, avec des attitudes qui réveillent en l'esprit des ressouvenirs d'art et d'histoire. Tout cela marche, court, crie, chante : la chaussée d'une rue de nos grandes villes donnerait à peine l'idée d'une pareille animation. Et les champs eux-mêmes ne sont pas moins vivants : sur les rives des canaux, des fellahs à demi nus élèvent l'eau au moyen de l'antique *chadouf* des tableaux de Berchère, dont les outres de peau ont été le plus souvent — ô signe des temps! — remplacées par de vieux bidons d'huile. Enfouis dans les verdures paissent des chameaux, des chevaux, des ânes, des moutons, des chèvres, des buffles, tandis que des oiseaux sillonnent les airs en tous sens ou se posent sur les feuilles tremblantes des palmiers. Et c'est ainsi durant des heures : le chemin de fer court au milieu de cette campagne, dont la prospérité est fabuleuse, de ces paysans égyptiens qui paraissent si gais et si placidement heureux.

Aux stations, leur foule bariolée, bruyante, déborde sur les quais et c'est un ébahissement pour nous de regarder ces faces blanches et ces faces noires et d'entendre les cris et les rires des fellahs qui découvrent leurs dents blanches de grands enfants.

Je ne puis rassasier de ce spectacle ni mes yeux, ni mon esprit. Mais voici que la terre verdoyante s'assombrit tandis que les palmes des dattiers se découpent sur un ciel éblouissant d'or. Le soleil s'abaisse, variant à l'infini les nuances délicieuses dont il embrase l'horizon ; aux tons d'or et de vieux cuivre succèdent les pourpres et les orangés ; au loin, les deux grandes pyramides apparaissent toutes rosées ; voici les premiers jardins du Caire entourant des maisons blanches ; dans la nuit tombante, leurs profils prennent des aspects troublants, et sous la majesté des choses pressenties, le cœur a comme une anxieuse appréhension.

— Il paraît que l'hôtel Shepheard est très confortable, *indeed*, dit en s'étirant mon voisin anglais, qui dort depuis Ismaïlia.

II

Au Caire.

Tout est singulier en Égypte, comme l'aspect même de ce fleuve-pays: son passé, — l'histoire la plus ancienne que nous connaissions — les monuments de ce passé, où se sont succédé les religions et les civilisations ; son présent, cosmopolite, depuis le système de gouvernement jusqu'aux enseignes des rues. L'Égypte relève en droit de la Porte ottomane, au nom de laquelle règne un khédive héréditaire ; l'Angleterre gouverne par l'entremise de son agent, lord Cromer, et du chef de l'armée, le *sirdar*, général Kitchener. Mais le souverain le plus effectif de ce pays, c'est assurément *Thomas Cook and Son*, la fameuse agence.

Le second membre de cette dynastie, qui a, comme les anciennes, sinon construit, du moins réparé des pyramides, semble viser, de même que les anciens Pharaons, à l'empire du monde. Il a fort bien compris que, dans ce pays, le pouvoir appartiendrait à celui qui gouvernerait le Nil et les monuments. Qu'est-ce en effet, que l'Égypte, en dehors de cela? Une ferme colossale. Les monuments étaient malheureusement occupés par quelques savants français qui les surveillent au nom du gouvernement égyptien. Faute de mieux, Cook dut se contenter des accessoires : hôtels, gardiens, drogmans, âniers, tout ce qui entoure les temples est à sa dévotion. Quant au fleuve, il était à prendre et Cook l'a pris. Cela date de longtemps déjà, de 1869.

Auparavant, le Nil n'était guère visité que par des savants et des artistes, assez indifférents au confortable, ou par de riches personnages voyageant en dahabiehs, sans compter leur temps ni leur argent. M. Thomas Cook, fondateur de la dynastie, aujourd'hui décédé, reprenant un essai qui n'avait point réussi, mit des vapeurs en mouvement sur le fleuve. C'est à partir de ce moment que les voyages sur le Nil se sont démocratisés. En 1876, un second service fut établi entre les deux cataractes. Cette organisation avait pris un si grand développement que, de 1883 à 1887, le gouvernement égyptien ayant à transporter des troupes et du matériel dans le Sud, pour combattre le Mahdi, réquisitionna la flottille Cook. Mais cela était encore fort peu de chose auprès de ce qui existe aujourd'hui: l'agence Cook possède sur le Nil 6 grands bateaux à vapeur de luxe, — le plus grand, le *Rameses*, a été construit à Lyon, — 4 affectés au service postal dont elle est encore chargée, 11 autres vapeurs pour le remorquage des voiliers; enfin quelques magnifiques dahabiehs de modèle nouveau et un grand nombre d'anciennes. En face de chaque point intéressant, sur le Nil, un ponton est établi. Ce ne sont plus seulement des princes et des ducs qui font ce charmant voyage: grâce à M. Cook, on rencontre maintenant là-bas de bons bourgeois de Londres ou de Paris. On s'y retrouve comme à Nice : Louqsor, Assouan, sont devenues des stations hivernales où l'affluence était telle, l'an dernier, que des vapeurs durent être convertis en hôtels flottants. Cette année encore, ce n'est qu'avec une extrême difficulté que nous avons pu trouver une chambre à l'hôtel Shepheard au Caire : beaucoup de voyageurs, qui ne se sont pas fait inscrire assez longtemps à l'avance, doivent renoncer au voyage de la première à la seconde cataracte, considéré jusqu'ici comme une grosse affaire. Le voyage sur le Nil est donc « à la mode ». C'est l'impression que nous avions eue déjà en Italie, où beaucoup de touristes ne faisaient, comme nous, que passer. N'est-ce pas une raison suffisante pour donner aux voyageurs les détails sur cette promenade que tant de Français voudront prochainement effectuer et que ne raconte encore aucun de leurs auteurs? Je crois que rien ne pourrait leur donner une idée plus juste de ce qui les attend que le récit très simple et très sincère de notre promenade.

C'est ici le lieu de gémir sur une fâcheuse lacune, — je veux dire sur l'absence d'un bon « Guide » français. J'ai souvent entendu critiquer à Paris les *Guides Joanne* que publie la maison Hachette. On leur reproche leurs prétentions artistiques ou scientifiques. Il est de bon ton d'exalter à leurs dépens le Bædeker, si abondant en renseignements pratiques. J'avoue que je ne partage pas cette opinion. J'ai fait souvent usage des deux guides concurremment et j'ai toujours fini par préférer le Joanne. Sans doute, le ton tranchant de ses jugements est parfois déplaisant et un peu plus de réserve ne messiérait point. Je reconnais avoir été légèrement agacé lorsque M. Joanne m'enjoignit, à la *Pinacothèque*, d'être « choqué par l'affreux bossu qui porte le Christ et des têtes ignobles du Christ lui-même et de la Vierge ». Je préférerais que le guide Joanne se contentât d'attirer l'attention des touristes sur le commun jugement des gens compétents et nous fît grâce de son jugement personnel, qu'il est permis de récuser. Je crois, en revanche, qu'on doit lui être reconnaissant de la manière consciencieuse dont il expose les questions artistiques, du développement qu'il leur donne, des emprunts judicieux qu'il fait aux auteurs illustres. Les Guides ne sont pas écrits, en effet, pour les savants qui savent puiser à d'autres sources, et quant aux vulgaires touristes, ils sont fort aises qu'on ait préparé à leur intention des exposés contenant un minimum d'érudition qui les aide à comprendre sans charger leur mémoire de fatras indigestes. Par ce côté, le Joanne est en général assurément très supérieur au Bædeker.

Ceci étant dit pour attester que je n'ai pas l'esprit prévenu, je ne saurais assez déplorer qu'il n'existe pas vraiment de guide Joanne pour l'Égypte. C'est là une chose inconcevable étant donné le nombre de touristes français qui font dès maintenant le voyage du Nil. Parmi ceux que j'ai rencontrés au Caire, les uns n'avaient pu se procurer le Joanne : on leur avait répondu que l'édition était épuisée. Les malheureux s'efforçaient de se reconnaître au milieu d'une série de volumes ou trop savants, ou trop littéraires, mais toujours faits à un point de vue tout autre que celui des promeneurs. Les autres — et je suis du nombre — avaient grâce à de puissantes protections, réussi à se procurer l'ancien *Joanne*, dû à la collaboration de MM. Ad. Chauvet et E. Isambert, et intitulé « Orient, Malte, Égypte, Nubie, Abyssinie, Sinaï ». Voilà bien des choses pour un seul livre et je ne saurais trop engager les éditeurs à rendre au moins séparables et mobiles à l'intérieur, les chapitres de la nouvelle édition qu'ils ne peuvent manquer de préparer (1). Je n'insiste pas sur l'ancienneté de ce livre : dans certaines parties — car il est fait de pièces et de morceaux — on y parle de 1876 comme d'une époque contemporaine. La vieillesse profitable au vin est peut-être aussi une qualité pour certains ouvrages. C'est un défaut capital pour un Guide, qui doit être refondu tous les quatre ou cinq ans au moins et c'est un défaut plus grave qu'ailleurs, en Égypte où les changements ont été dans ces derniers temps, si nombreux et si rapides. Si j'osais donner un avis aux éditeurs, je leur conseillerais de refondre le Guide et de le mettre au courant, non seulement en tenant compte de l'actualité des faits, mais encore de la modification profonde que l'organisation de Cook a apportée dans la nature des voyages et dans l'espèce des voyageurs. Pour le nombreux public

(1) Il paraît que cette édition est en effet en préparation.

de touristes auquel les guides sont particulièrement destinés, le *Joanne* ancien est vraiment trop savant et par conséquent trop aride. Mes compagnons français et moi, par exemple, n'avons pu considérer que comme une aimable plaisanterie le conseil qui nous était donné d'apprendre à reconnaître nous-mêmes les soixante-douze cartouches hiéroglyphiques de rois dont on nous donne l'image fidèle autant que superflue. Beaucoup de descriptions de monuments sont incompréhensibles et surtout illisibles pour le commun des mortels, tant les auteurs ont mis de conscience à expliquer les innombrables incarnations des dieux. Il y a là énormément à élaguer, et le livre n'en demeurera pas moins irréprochable au point de vue scientifique. Le superflu d'érudition supprimé pourrait être avantageusement remplacé par des renseignements plus abondants sur l'organisation des voyages et sur l'Égypte actuelle qui possède, après tout, son intérêt et son charme.

On trouvera peut-être que j'insiste beaucoup sur cette question du *Guide* en Égypte. Mais je vous assure qu'il est enrageant de se trouver un groupe de Français si nombreux et si mal pourvus, alors que nous voyons auprès de nous des Anglais ou des Allemands, confortablement installés devant leur Murray ou leur Badeker à jour, éviter nos recherches, nos pertes de temps et nos tracas d'esprit.

UN ANIER.

Il me reste peu de place pour parler du Caire, que je verrai d'ailleurs plus longuement au retour. En somme, ceux qui, en 1889, eurent l'idée de la fameuse *rue du Caire*, avaient bien saisi l'un des traits les plus caractéristiques de la métropole actuelle de l'Égypte. On n'avait pourtant pu rendre suffisamment ni la fantaisie des costumes, ni l'amusant charivari que font les cris des marchands et les avertissements des âniers. L'ancienne rue franque du Mousky est, par exemple, d'une intensité de vie dont aucune imitation artificielle ne pourrait donner une idée complète.

Nous n'avions que trois jours à passer au Caire avant de nous embarquer sur le *Rameses*. Sans entreprendre la série des excursions classées, j'ai commencé, selon mon habitude, par prendre l'air de la ville en circulant au hasard dans les rues. Je dois à cette promenade la plus forte impression que j'ai ressentie depuis mon arrivée. Nous étions arrivés au bout du Mousky, la longue rue commerçante qui traverse la ville. Elle finit sans transition, contre de véritables montagnes de décombres, grises et désertes, que j'avais d'abord prises pour les derniers contreforts de la chaîne arabique. L'idée nous vint de gravir ces montagnes pour voir ce qu'il y avait au delà. A mesure que nous nous élevions, nous embrassions mieux l'ensemble de la ville et les minarets, difficilement visibles, au milieu du dédale des vieilles ruelles, se discernaient plus aisément. Au loin, sur la gauche, nous apercevions la grande nappe brillante du Nil, et plus près, les constructions de la citadelle qui dominent les crêtes abruptes du Mokattam. Enfin nous parvînmes au sommet et un cri de surprise et d'admiration nous échappa : le nouvel horizon était, cette fois, limité par la chaîne arabique que les Égyptiens ont taillée en falaise verticale pour y prendre de la pierre. La vallée portait, à perte de vue, sur la gauche, l'empreinte d'une solennelle désolation, toute de ce gris jaune uniforme, où il semble être demeuré quelque chose de l'or des rayons solaires qui, durant tant de siècles, l'ont ardemment frappée. Devant nous, complètement séparée du Caire, une véritable cité se dressait, bâtie avec des matériaux du même ton, un peu bruni ; des mosquées solennelles et sévères, des maisons nombreuses. des rues où pas un être n'apparaissait. Qu'était-ce que cette étrange cité de la Mort, dont l'apparition faisait un si violent contraste avec la ville grouillante, bruyante, que nous venions de quitter, et qui derrière nous vivait d'une vie si intense et si colorée ?

J'ai su depuis que c'étaient les Tombeaux des mameluks et les cimetières du Caire. Je les ai traversés le lendemain pour aller à la *Forêt pétrifiée*, mais de près ces lieux n'ont plus le même caractère grandiose et mystérieux. C'est du haut des décombres qu'il faut les voir, en quittant la rue du Mousky, et c'est ce que n'indiquent ni les Guides ni les drogmans.

La *Forêt pétrifiée* ne serait guère intéressante que pour des géologues, si elle ne fournissait l'occasion d'une promenade à âne dans les solitudes du désert. Il faut toutefois compter sur une chevauchée de quatre heures, et c'est un peu pénible pour un début. Mais le chemin du retour, par le Mokattam, est splendide, surtout si l'on revient comme nous, au moment où le soleil, en se cachant derrière la chaîne lybique, lance ses derniers rayons sur le Caire qui apparaît dans la pénombre, à travers une sorte de buée où retentissent de traînantes mélopées, des sons que nos oreilles ne sont point accoutumées à entendre.

III

Un mariage égyptien. — Une caravane.

Afin de mieux employer notre dernière journée, avant de nous embarquer sur le Nil, nous avions pris un drogman. Cet homme, revêtu d'un costume magnifique, nous a profondément humiliés : lui aussi, — comme le Guide, — est de l'ancienne Egypte. Le voyageur lui apparaît sous l'aspect d'un être d'essence particulière, pour le moins duc ou baron, qu'un caprice amène un jour en Egypte, qu'un autre conduit ensuite en Syrie ou en Perse. Collectionneur fastueux c'est par centaines de mille francs que ce personnage achète les tapis de prière, les momies rares, les débris de temples. Et l'aventure se termine par la fortune du drogman. Jugez combien nous sommes de minces personnages pour le nôtre : nous ne louons pas de dahabich, nous n'allons ni visiter des oasis à chameau, ni même chasser dans le Fayoum ; nous n'achetons que des bibelots médiocres... C'est avec amertume que cet homme « du vieux temps » nous parle de Cook, cette engeance. Si les drogmans comprenaient leurs véritables intérêts, disait-il ils s'associeraient pour lutter contre Cook, — Mohamed ne m'a pas expliqué comment ; — malheureusement, « les plus riches ne songent qu'à jouir de leur fortune ». Je ne sais pas ce que vaudraient les drogmans « syndiqués » ; mais Allah vous préserve de ceux de l'ancienne roche ! Ce sont des hommes superbes, comme les Palikares, et qui, comme eux, vous dévalisent avec infiniment de dignité.

Pourtant, Mohamed nous donna l'occasion d'assister à un spectacle intéressant : un mariage égyptien. En passant dans la grande rue Mohamed-Ali, nous avions été surpris de la voir barrée à hauteur d'étage, par des cordelettes auxquelles pendaient des drapeaux rouges : « C'est, nous dit Mohamed, à l'occasion du mariage du fils d'un pacha. La dernière cérémonie a lieu ce soir. Si vous voulez y venir, je le connais, je vous ferai inviter. » Nous nous empressâmes d'accepter.

A huit heures et demie, nous montons dans une voiture, munis d'un bouquet pour la mariée. Devant la maison du pacha, un orchestre, qui n'a d'égyptien que le costume, souffle dans des cuivres avec un bruit infernal, à la grande joie du peuple assemblé. Nous entrons par le jardin; à gauche, une porte, que garde un eunuque noir, donne accès dans les appartements des femmes, où, naturellement, je ne pénètre pas. Je passe entre deux rangées d'hommes noirs ou bronzés, vêtus du tarbouch, et d'un paletot blanc, qui portent, en guise de torchères, des bougies entourées d'un globe de verre. Vingt pas plus loin, j'entre sous un vaste hall, construit pour la circonstance et décoré de draperies multicolores à fond d'andrinople. Au milieu, sur une estrade, un orchestre, vraiment égyptien celui-là, joue cet air éternellement monotone, grisant, qui accompagne les réjouissances orientales; autour, sur des bancs, se tiennent posément assis une centaine d'assistants, offrant une extrême variété de visages et de costumes. Tout ce monde semble s'amuser, mais silencieusement et en tout cas à peu de frais: de temps à autre des serviteurs distribuent des tasses de café; des marchands ambulants, passant entre les banquettes, offrent des bonbons. Dans un coin, sur une seconde estrade, sont les personnages de marque, tous vêtus de la redingote à la turque et du tarbouch. Ils échangent par instants de rares paroles et fument gravement. C'est là que l'on me fait asseoir après un court passage dans une pièce voisine, où je suis allé présenter mes hommages au marié. Les garçons d'honneur, une cocarde à la boutonnière, s'empressent autour des invités.

— Bonjour, Moussié, me dit l'un d'eux..., faire grand plaisir.

Puis, presque sans transition, il me montre un jeune homme assis devant moi :

— Connaît bien la France, dit-il, un des plous instrouits dé l'Egypte.

J'aborde le jeune homme « instrouit ».

— Je suis charmé de vous voir, me dit-il presque sans accent. Je vous connais parfaitement ; je vous ai entendu faire une conférence sur l'Afrique, à Montpellier, où j'étudiais le Droit.

Cette heureuse rencontre me permet de recueillir quelques renseignements sur la cérémonie à laquelle j'assiste.

— Elle n'est pas, me dit mon interlocuteur, aussi différente de ce qui se passe chez vous qu'on pourrait le croire. Ce qui nous est spécial, c'est cette absurde coutume d'épouser sa fiancée sans la connaître. Je dis bien « coutume », car nulle part, la loi musulmane ne prescrit cela. Encore, avec l'ensemble des anciennes mœurs, cela n'avait-il guère d'importance ; mais maintenant où, soit par économie, soit par une compréhension plus élevée du mariage, nous n'épousons plus qu'une femme, il est fâcheux d'être exposé à en épouser une qui ne vous convienne ni moralement ni physiquement.

— Quoi, le fils du pacha n'a pas vu sa fiancée?

— Non, dans le cas actuel, il ne l'a véritablement pas vue. Il est naturellement très renseigné, car les deux familles sont amies, mais il verra sa fiancée pour la première fois dans deux heures. Pour le reste, les formalités du mariage sont très simples. Il y a, comme chez vous, un contrat préalable, souvent accompagné d'une réunion de famille. Souvent aussi, on réunit chaque jour, durant une semaine, une catégorie d'invités. Enfin, on termine par la grande cérémonie de ce soir.

— Qu'est-ce qui va se passer?

— Le marié va, dans un instant, sortir pour se montrer aux invités et au peuple, dans la rue. Il ira faire une prière à la mosquée et il reviendra. C'est alors seulement qu'on le réunira à sa fiancée. Il sera libre de demeurer avec elle ou de revenir ici passer quelques heures avec les invités.

— Alors, le contrat, c'est le mariage civil?

— Oui.

— Et ce soir, c'est le mariage religieux?

— Non, le mariage n'est pas chez nous, musulmans, une cérémonie religieuse. La femme ne va pas à la mosquée et le marié pourrait parfaitement se dispenser d'y aller... Mais voici le cortège qui se prépare. Si vous voulez le voir, nous pouvons gagner la porte du jardin.

Je le suis. Les cuivres, qui étaient rentrés au préalable, passent devant nous en cortège en sonnant de toutes leurs forces. Les porteurs de torchères suivent sur deux files, les premiers, munis de candélabres à plusieurs branches, puis, les garçons d'honneur et le marié. Quand le cortège débouche dans la rue, il est accueilli par les acclamations enthousiastes de la foule. A l'étage supérieur de la maison, on entend les hululements des femmes. C'est une sorte de tremolo prolongé qui sert indifféremment, je crois, à exprimer la joie ou la tristesse. Nous retournons dans le hall, où le divertissement continue. Maintenant, la musique est coupée de chants qu'exécute un artiste indigène, renommé, paraît-il. Pour nos oreilles européennes, c'est assurément quelque chose de fort peu agréable, une série de sons à la fois rauques et nasillards. Un bonhomme à tarbouch souffle avec la plus grande conscience dans une espèce de canne à sucre qui a des sons de flûte; ses joues sont gonflées à éclater, et il dodeline de la tête d'un air très comique. Le tout,

chant et musique, est d'une monotonie grisante.
Il est près de minuit et cela va se prolonger
encore assez longtemps. Nous nous retirons avec
force salamalecs, impressionnés surtout par la
façon calme et tranquille dont ces gens se
divertissent et de la part qui, dans cette cérémonie comme dans presque toutes les fêtes
musulmanes, est réservée au populaire.

En revenant, une dame me raconte ce qui
s'est passé dans le harem, où elle a été intro-
duite par un eunuque noir. Quelques Européennes invitées y furent reçues de la façon la
plus aimable par les femmes indigènes. On leur
offrit des tasses de café, des cigarettes. La mère
de la mariée, une Circassienne au visage régulier
était couverte de bijoux. La mariée elle-même
ne parut qu'assez tard dans la soirée, précédée
d'esclaves portant les cachemires qui constituent
les cadeaux de noces les plus habituels. Elle était
gentille et portait aussi de nombreux bijoux ;
elle avait l'air accablé de fatigue ou de chagrin ;
deux matrones soutenaient sa marche chance-
lante. Est-ce appréhension véritable, fatigue des
cérémonies des jours passés, ou simplement attitude de convention? Elle prit place sous une
espèce de dais, attendant le fiancé. Quand celui-
ci revint de la mosquée, toujours précédé par

les joueurs d'instrument, les eunuques portant des torches et des bouquets de fleurs artificielles, toutes les femmes se couvrirent de leurs voiles; la fiancée se leva, tandis que son mari s'avançait vers elle et elle lui baisa la main en signe d'hommage. Après quoi tout le monde se retira...

... Ce n'est pas sans quelque chagrin que nous quittions le Caire. Cependant, la malchance continuant à nous poursuivre, nous n'avions pas eu un très beau temps. Mais le peu que nous avions vu de la cité orientale nous plaisait tellement !' Ce séjour d'un mois à bord d'un bateau sur le même fleuve, ne serait-il pas monotone? Ne regretterions-nous pas de l'avoir voulu faire aussi complet? On peut, en effet, raccourcir beaucoup l'excursion, soit en la limitant à Assouan, soit en prenant passage à bord des bateaux-poste, soit même en faisant usage jusqu'à Girgeh du chemin de fer latéral au Nil.

Le *Rameses* nous attendait au quai, près du pont de Kasr-el-Nil. C'est un beau bateau de rivière, à trois étages de cabines. Chaque étage a ses avantages et ses inconvénients : les cabines du pont supérieur offrent une vue plus belle, plus étendue, mais elles sont un peu moins confortables. Je préfère, pour ma part, celles du pont inférieur. Nous y avions une magnifique pièce à l'arrière, avec armoire à glace, commodes, tiroirs, le tout assurément mieux disposé que dans les chambres d'hôtel où nous vivions depuis trois semaines.

Au bord du fleuve, se dressent quelques dahabiehs de luxe, avec leurs appartements d'arrière battant pavillon américain ou anglais, et de nombreuses dahabiehs de commerce, voiles roulées, le long mât pointant obliquement vers le ciel. Sur les quais, c'est un défilé incessant de chameaux, d'ânes et de piétons. Il est dix heures du matin; la cloche retentit, nous partons. Nous avons enfin le soleil, un soleil d'Égypte, et, grâce à ses rayons magiques, les palais et les jardins dont les murs dominent le Nil nous apparaissent dans leur splendeur. Ce paysage, composé de si peu d'éléments, n'est pas varié et les peintres l'ont bien souvent reproduit. Mais il est d'une si sereine beauté que l'œil ne se lasse point de le contempler : quelques murailles grises, dégradées, tombant dans le fleuve, le long desquelles remontent en grinçant les cruches d'une *sakieh* qui déversent l'eau dans les jardins ; des palmiers élancés, dont les feuilles s'inclinent gracieusement sur les toits... Voilà le motif.

Plus loin, les palmiers deviennent plus nombreux, forment de petites forêts, les maisons sont rares, parfois blanchies à la chaux, et, derrière les verdures du premier plan, resplendissent les tons dorés des chaînes désertiques.

C'est toujours une chose amusante que ces caravanes de voyageurs organisées par les agences. Durant les premiers moments, chacun conserve une raideur décidée : on s'observe du coin de l'œil, avec une sorte de curiosité défiante. Peu à peu, les tempéraments les plus expansifs éprouvent le besoin de communiquer leurs impressions ; on échange quelques observations. Les politesses froides et cérémonieuses font place aux souriantes prévenances ; des groupes sympathiques se forment. Chacun d'eux observe les autres, et la critique est ordinairement le lien peu généreux qui unit d'abord les âmes. Quand il s'agit de Français, on se désigne volontiers par des qualificatifs plus pittoresques qu'aimables. Mais cette seconde phase elle-même dure peu. Les hasards des excursions, les petits incidents des chevauchées à âne généralisent les relations ; on s'aperçoit que les gens qu'on avait appréciés sur de petits travers extérieurs sont dignes de respect ou de sympathie. La caravane prend comme une âme commune, et c'est toujours avec un léger serrement de cœur qu'on se quitte lorsqu'elle se disloque, en échangeant, dans les groupes, des promesses de visites qui ne seront jamais tenues.

Notre caravane est très cosmopolite. Les passagers de notre bateau se décomposent ainsi par nationalité : 16 Anglais — dont 2 clergymen — 8 Français, 6 Allemands, 5 Américains du Nord 4 Autrichiens, 2 Belges, 2 Danois, 1 Italien. La langue dominante est assurément le français, que presque tout le monde est en état de parler ou du moins de comprendre. Nos compagnons français sont de bons bourgeois de province, grands amateurs de voyages, et qui en font au moins un chaque année. Leur caractérisque est la simplicité; il ne sont pas venus pour continuer la vie de parade des grandes villes, mais pour voir des choses intéressantes et belles. Aussi ne faut-il pas leur demander, le soir, d'endosser l'habit ou le smoking. La table est une question secondaire pour eux. En revanche, ils ne se plaignent jamais de demeurer trop longtemps dans les monuments et, sur le Nil, ils ne quittent pas le pont du bateau pour être plus sûrs de tout voir. Ils ont de la lecture et sont assurément, au point de vue intellectuel, très supérieurs à la moyenne des autres voyageurs. Parmi ceux-ci, ce sont, comme toujours les Anglais qui fournissent les types les plus originaux. Il y a d'abord un superbe Ecossais, revêtu du costume national, qui produit le plus grand effet sur les indigènes. Il faut citer aussi une famille : père, mère, et deux filles de l'espèce des Anglais aux grandes dents. Tout ce monde ne quitte pas le salon de lecture du matin au soir, écrivant sans relâche ses impressions, si bien que je me demande à quel moment ils peuvent les éprouver, — à moins que ce ne soit à table. Je note pour mémoire plusieurs misses âgées et laides...

Le gong a retenti pour la seconde fois. Nous voilà réunis dans l'immense salon d'avant. Tandis que nous déjeunons, le magnifique panorama se déploie devant nous ; déjà, par-dessus les bouquets de palmiers, nous apercevons la silhouette en gradins de la pyramide de Saqquarah. Nous allons, dans les monuments pharaoniques, revivre les très vieux temps...

IV

Memphis.

C'est à Bedrechein, — station du chemin de fer latéral au Nil — que le bateau s'arrête. Sur la rive s'agite une foule bruyante, colorée, d'ânes et d'âniers. A peine les voyageurs ont-ils mis pied à terre, qu'ils sont la proie des conducteurs ; c'est une mêlée confuse, où les âniers se disputent les clients, se poussant, mettant leurs bêtes en avant. Contre cette compétition enragée, les protestations ne sont guère efficaces ; combien j'envie ceux qui ont eu la prévoyante pensée de se munir d'une bonne courbache en cuir ! Autour de sa lanière cinglante, le vide se fait comme par miracle, et on peut s'expliquer sans crainte d'être écrasé. Nous qui n'avons que des cannes, nous craignons de faire du mal en frappant, et nous nous résignons à être bousculés. Enfin, l'un après l'autre, les ânes sont enfourchés. Dès qu'un touriste est juché sur l'animal, il ne s'appartient plus. La bête part au grand galop, harcelée par les cris du « boy » qui court derrière elle, répétant une sorte de modulation doucement plaintive très singulière : « Ah ! Ah ! » Nous courons d'abord sur la voie ferrée, entre les deux rails. C'est un chemin commode pour les Arabes, qui ne connaissent guère que les sentiers étroits sur les chaussées. Puis, nous descendons dans des déclivités, nous remontons sous des palmiers, ayant à peine le temps de discerner les choses autour de nous, attentifs à ne pas tomber. « Ah ! Ah ! » voici un cavalier désarçonné qui se relève, le dos couvert de poussière. C'est notre Écossais, déjà décoré du nom de *Old Whisky*. A l'user, nous acquérons de l'expérience : l'animal est sanglé d'une manière insuffisante, avec de simples ficelles ; les étriers sont de longueurs différentes ; une autre fois, je ferai ajuster tout cela avant d'enfourcher la bête. « Ah ! Ah ! » un second cavalier a mordu la poussière. Mais les chutes ne sont pas dangereuses, et cette course folle sous les palmiers est si drôle que chacun rit et se prépare à subir pareille infortune.

Nous traversons un village : des nuées de gamins demi-nus, de petites filles aux cheveux tressés courent après nous en tendant les bras et criant : « Backchich ! Backchich ! » D'autres nous offrent des objets trouvés dans les décom-

bres : monnaies anciennes, scarabées, fragments
de sculptures. Nous n'avons guère le temps
de les écouter; les ânes, qui avaient un peu
ralenti, repartent de
plus belle, s'éparpillant
dans les sentiers, entre

MITRAHINEH (MEMPHIS).

les palmiers. Nous nous arrêtons pourtant un
moment pour voir deux grandes statues de
Ramsès, en granit rose, couchées à terre.
Maintenant, après avoir traversé le cimetière
de Mitrahineh — sans que d'ailleurs les âniers

ralentissent l'allure au tournant des tombes — nous serpentons au milieu d'une plaine admirablement cultivée. La valeur différente des bêtes — car les cavaliers n'y sont pour rien — a disséminé les gens de la caravane en une longue file dans le sentier qui zigzague au milieu des cultures. Autour de nous, c'est la même animation que nous avons vue dans le Delta : les champs sont remplis de fellahs au travail, de buffles, de moutons, de cabris ; des chameaux paissent çà et là.

Nous allons maintenant — toujours au galop — sur une chaussée entourée de part et d'autre de canaux où les fellahs puisent l'eau à l'aide de chadoufs ; un pont franchit un grand canal de dérivation. Devant nous s'étend la masse gris-jaune des décombres que dominent çà et là des silhouettes de pyramides. Nous sortons d'une plaine cultivée comme un jardin et, déjà sans transition, c'est le désert.

Ceux qui désirent avoir, devant les restes de l'antique civilisation égyptienne, des émotions sincères, feront bien de lire auparavant quelques ouvrages abordables pour les simples mortels, par exemple ceux de MM. Mariette et Maspero. Ils n'en retiendront pas, sans doute, la partie purement scientifique, mais ils en garderont une

impression générale qui leur permettra de reconstituer par la pensée l'antique civilisation dont
ils retrouveront les vestiges. Sinon, comme les
trois quarts de mes compagnons de caravane,
ou ils éprouveront une désillusion qu'ils n'ose-
ront pas exprimer, ou, par snobisme, ils répé-
teront sans conviction cette exclamation que
j'ai tant de fois entendue : « C'est beau ! »
Beaux, ces hypogées aux froides sculptures ;
beaux, ces temples massifs dépourvus de grâce
et d'élégance ! Non, ce n'est pas là le terme qui
convient. Ils sont imposants, grandioses, curieux,
intéressants, tout ce que vous voudrez, mais
non pas beaux dans l'acception ordinaire de cet
adjectif, aussi vague d'ailleurs que le « very
good » que nos compagnons anglais répètent
à tout propos.

La pyramide à degrés de Saqquarah, auprès
de laquelle nous passions m'a laissé très froid.
Il me revenait pourtant en l'esprit vingt passages des auteurs qui me commandaient l'admiration. Je reconnais volontiers qu'il a fallu un
immense effort pour accumuler de pareilles
masses de matériaux ; je ne pense pas sans
intérêt aux moyens inconnus que ces peuples pri-
mitifs ont dû employer. Mais c'est tout. Ces sentiments, je les éprouvais exactement avant d'être

venu à Memphis. Et je crois bien que la vue rapprochée des grandes Pyramides n'y ajoutera rien. Si, d'ailleurs, les Guides avaient une con-

PYRAMIDE DE SAQQUARAH.

fiance suffisante dans l'impression que produisent les Pyramides elles-mêmes, peut-être ne jugeraient-ils point indispensable de donner tant de place aux évaluations statistiques.

Aussi longtemps que nous avons été dans la

plaine, une brise légère maintenait une fraîcheur relative. Maintenant, nous sommes exposés à la rude chaleur du soleil dardant d'aplomb sur nos têtes et à la réflexion ardente des sables. Au premier abord, on ne distingue pas très bien les amoncellements de ruines des derniers contreforts de la chaine lybique. Ce ne sont de toutes parts et à perte de vue qu'excavations et montagnes de sable; le sol est vallonné, tourmenté; çà et là, on a fait des fouilles; mais la marée désertique a déjà comblé les trous et donné aux débris enlevés son uniforme et désolante tonalité. Nous arrivons à la maison construite par Mariette, au temps où il faisait ses belles recherches; ses frêles et basses murailles sont bien insuffisantes pour atténuer la chaleur. Mariette, Maspero, ces noms évoquent, surtout chez nous, l'idée de travaux de cabinet. Ici on se rend compte des rudes efforts matériels que durent exiger leurs magnifiques découvertes. Au moment de la révolte de Bou-Amama, j'ai fait, en compagnie de mon pauvre ami Maupassant, une assez longue promenade dans le Sud-Oranais aux mois de juillet et d'août. Nous avons eu là-bas une belle chaleur, et je n'en ai pas trop souffert. Mais, vraiment, je n'envierais point d'être chargé, même au printemps, de la garde des fouilles de Memphis.

Heureusement, des boys indigènes ont eu la bonne pensée d'apporter des oranges. C'est, ici, un rafraîchissement délicieux, que nous dégustons en nous divertissant aux cris des âniers et des petits marchands d'antiquités. C'est avec la plus amusante conviction que ces derniers nous présentent des fausses pièces ou des scarabées de bazar, en criant : *Good! antique! scarabée!* » Les scarabées étant les objets les plus recherchés, tout, pour les boys, est scarabée : débris, figurines, même des cailloux. Notre Écossais a un succès énorme : jamais les petits fellahs n'ont eu occasion de voir un homme revêtu d'un pareil costume. Aussi pensent-ils que ce doit être un personnage considérable. C'est à qui lui criera : « *Good morning, mister Cook! Good morning.* » Old Whisky répond d'un ton sec : « *I am not Cook! You mistake! You mistake.* » Mais les connaissances des boys en langue anglaise ne vont pas jusque-là. Aussi, s'obstinent-ils à répéter : « *Good morning, mister Cook !* »

Vous trouverez dans le futur Joanne, les nombreuses et savantes notices consacrées à la description du Serapeum ou tombeau des Apis, aux tombeaux de Ti et de Phta-Hotep, tous enfouis sous les sables et où l'on ne pénètre qu'en descendant des galeries en biais. Les masses granitiques des sarcophages, dans le Serapeum, sont imposantes. Quant aux innombrables tableaux qui ornent les tombeaux de Ti et Phta-Hotep, c'est à peine si, dans ces rapides promenades de touriste, l'on peut songer à y rechercher quelques scènes de l'ancienne vie égyptienne. De plus sérieuses investigations exigeraient des journées entières. Mais l'idée générale que l'on acquiert donne le désir d'étudier dans les livres la reproduction de ces images pour y trouver des renseignements sur les formes de la vie publique à ces époques reculées.

Je suis encore arrêté ici par une impression très vive.

Les auteurs nous enjoignent d'admirer les produits de l'art égyptien. Ils conviennent — tout juste — que la représentation des hommes et des choses laisse à désirer au point de vue de l'exactitude, que toute cette figuration est conventionnelle, hiératique. Mais, disent-ils, cela est fait exprès, et divers documents exceptionnels attestent que, si les sculpteurs et les peintres égyptiens l'avaient voulu, ils se seraient parfaitement départis de leur raideur conventionnelle et auraient rendu exactement les formes des êtres. C'est possible, mais ils ne l'ont pas fait, et je ne crois pas qu'un homme impartial et désintéressé puisse admirer outre mesure leurs œuvres au point de vue purement esthétique. N'est-ce pas assez, d'ailleurs, qu'elles soient des documents scientifiques d'une valeur incomparable?

Remontés sur nos ânes, nous reprenons le chemin du Nil. Old Whisky, devant moi, consciencieusement brossé par son boy, se dresse fièrement sur des étriers rajustés. Il a vraiment grande allure avec sa longue barbe grise et son élégant costume écossais. Ce dernier n'est peut-être pas l'idéal du confortable pour un voyage sur le Nil, et je suis même un peu étonné de l'y rencontrer, car j'en ai très peu vu durant un voyage en Écosse. Ce gentleman est sans doute un de ces Écossais de vieille roche qui, retirés dans leurs manoirs, n'ont jamais voulu abandonner les traditions de leurs pères, attachement, après tout, respectable et touchant. Celui-ci est au moins un chef de clan, car il porte à sa toque deux fières plumes de coq de bruyère... Voici qu'en retraversant le village de Mitrahineh, les boys redoublent leurs cris et lancent les ânes dans une charge à fond. Notre groupe soulève une poussière telle que les bêtes elles-mêmes ne voient plus leur chemin. Mon âne tombe dans les trous à palmiers, se relève, escalade des buttes, toujours à la même allure endiablée, toujours poursuivi par le boy qui ne cesse de le harceler de ses cris : « Ah ! Ah ! » J'ai toutes les peines du monde à me tenir en équilibre ; en passant, j'entrevois ce pauvre Whisky qui a pour la seconde fois roulé dans la poussière et qui se recouvre le chef de sa toque, hélas ! déplumée. Ce n'est qu'après, longtemps après, quand mon baudet eut repris un train plus normal, que je pus jeter un dernier regard d'ensemble sur le pays que nous venions de parcourir et philosopher sur ses destinées. Ainsi, c'est sous ces buttes de limon recouvertes par des huttes de fellahs, entourées de palmiers, que gît, enfoncé dans la vase, ce qui fut Memphis, une des capitales du monde civilisé ! De cette cité, fière sans doute de ses œuvres et croyant à son éternité, il ne resterait rien sans doute, pas même un souvenir, si les habitants n'avaient édifié les tombes de leurs rois ou de leurs dieux dans un désert où le sable les a conservées. Que demeurera-t-il, dans quelques milliers d'années, de Paris, de Londres, de nos grandes capitales ? Le climat n'y est point clément, les monuments sont construits en matériaux médiocres ; c'est tout au plus si nos maisons feraient de beaux tas de décombres...

Plus nous approchons du fleuve, et plus les

âniers nous accablent de protestations attendries : « Good donkey ! Bon baudet ! » Ces louanges visent beaucoup moins les qualités de l'animal que le backchich qui doit être la récompense de ses services.

Je ne reprocherai point à M. Cook de nous avoir donné un médiocre drogman, car les bons sont très difficiles à trouver. Mais je lui conseille de faire indiquer aux voyageurs, d'une manière générale, le chiffre du backchich. Bien qu'il soit dit que les backchich sont payés par l'agence, et qu'ils le soient en effet, les voyageurs ont pris l'habitude d'en distribuer de supplémentaires aux âniers, et ils sont, au début, fort embarrassés de savoir ce qu'il est convenable de donner : deux piastres suffisent largement pour une course d'une demi-journée, trois ou quatre si on garde les ânes plus longtemps. C'est là un maximum que l'on réduira si l'on n'est pas satisfait de la bête ou de son conducteur. Les leçons de ce genre sont bonnes à donner. Ce sont, avec les coups de courbache, les seules qui possèdent quelque efficacité.

Nous avons, ce soir-là encore, un de ces splendides couchers de soleil qui vaudraient à eux seuls le voyage du Nil. Après quoi le bateau est amarré pour la nuit à un ponton. Les bordages

sont protégés par des toiles qui transforment le
pont en un magnifique salon où l'on peut jouer,
faire de la musique ou même danser. Ces soirées
sont vraiment délicieuses, pourvu que l'on ait
soin de se couvrir, car il fait généralement très
frais, et l'on ne saurait trop se précautionner de
pardessus et de couvertures. C'est assurément
là la plus utile recommandation que l'on puisse
faire aux voyageurs, peu disposés d'ordinaire à
prendre de semblables précautions lorsqu'ils
s'embarquent pour les pays du soleil.

V

Assiout.

Le *Rameses* reprend sa marche dès la première heure et, tandis que les passagers endormis dans leurs cabines passent doucement de l'immobilité au bercement des aubes, les Arabes font la toilette du navire. C'est un spectacle qui vaut qu'on se lève un peu plus tôt. Rangés sur une seule ligne, poussant des brosses sous leurs pieds nus, ils se déplacent obliquement par des mouvements d'ensemble, en chantant ces litanies mélancoliques qui sont l'accompagnement obligé de toutes leurs besognes. Je trouve, pour ma part, un charme étrange à ces mélopées, parce qu'elles sont en harmonie parfaite avec les choses du Nil.

... Aussitôt après le déjeuner matinal, les passagers, assis à l'aise sur le pont, jouissent de la fraîcheur du matin qui tempère l'ardeur des premiers rayons du soleil et se divertissent aux mille incidents de la navigation fluviale. Combien cela me semble préférable aux interminables journées passées en mer. Là-bas même quand le temps est calme, quand on ne subit ni les affres du mal, ni le dégoût des odeurs particulières aux paquebots, le spectacle toujours le même des flots prolongés à l'infini est d'une monotonie parfois écœurante. Ici, rien

Le *Rameses* en marche.

de pareil. Sans doute, le fleuve coule sans cesse entre deux berges verdoyantes surmontées de palmiers-dattiers, et l'horizon est toujours barré plus ou moins loin, à droite et à gauche, par les falaises dorées de la chaîne arabique ou de la chaîne libyque. Mais ce spectacle est d'une si intense beauté, surtout lorsque le soleil l'embrase de ses souveraines splendeurs! L'uniformité des lignes est si magnifiquement corrigée par l'éblouissante variété des coloris!

Et puis, les méandres du fleuve sont incessamment sillonnés par des flottilles de dahabiehs de commerce ou de plaisir, dont les voiles blanches semblent quelque agrandissement démesuré de ces oiseaux aux vastes ailes, épars sur les bancs de sables. Par instants la vue est immédiatemment arrêtée par les berges d'un tournant et plus loin la nappe d'eau s'étend si loin qu'elle semble un lac où les voiles s'estompent dans l'opale du matin, avec des délicatesses de paysage hollandais. On échange au passage des saluts avec les voyageurs des dahabiehs dont le pavillon accuse la nationalité. Les chaînes des montagnes, coupées en falaises, se rapprochent ou s'éloignent tantôt à droite tantôt à gauche, sans qu'on les perde jamais complètement de vue, agrandissant ainsi sur l'une ou l'autre rive les plaines où le limon du fleuve entretient une perpétuelle verdure. Les fellahs aux costumes blancs, bleus ou noirs, circulent sur les berges avec leur monde d'animaux, plus nombreux aux environs des villages dont les huttes de terre sèche souvent surmontées de pigeonniers sont encore d'une si parfaite harmonie avec les bouquets de palmiers qui les ombragent, les protègent et les nourrissent.

La course à ânes de la veille forme le sujet de toutes les conversations. La mésaventure de Old Whisky excite la commisération. Le pauvre gentleman demeure déplumé ; toutefois, notre respectueuse sympathie se change en une forte envie de rire, lorsque nous apprenons que notre chef de clan vient en droite ligne d'Australie, où il exerçait, depuis quelque trente ans, un commerce quelconque. C'est au moment du départ qu'il s'est acheté le costume tout battant neuf qui fait l'étonnement des indigènes. Et nous qui avions rêvé de manoir, de claymore et de cornemuse ! Quelle désillusion ! Les ânes et les âniers sont, d'un commun accord, déclarés une des joies du Nil. Beaucoup, quoique un peu fourbus par la course enragée de la veille, regrettent de passer la journée entière sans descendre à terre. On répète en riant les cris des âniers : « Good donkey ! Bone baudet ! », et les exclamations des petits marchands : « Good antique ! Scarabée ! », prononcés d'un ton de conviction si comique.

Ce second jour, 7 février, nous apercevons, sur la droite, la pyramide tronquée de Maydoum ; nous dépassons Ouasta, point de bifurcation du chemin de fer qui dessert la riche province du Fayoum, Benisouèf et Maghaga. Presque partout, les longs tuyaux accouplés des sucreries s'élèvent sur l'horizon, parfois à côté des minarets des mosquées. Cela ne contribue pas assurément au charme du paysage, mais il n'en faut point gémir outre mesure; l'Égypte est suffisamment riche en délicieuses perspectives pour qu'elle en puisse sacrifier quelques-unes à sa prospérité matérielle.

Dans toute la moyenne Égypte, depuis le Caire jusqu'à Manfalout, le Nil coule presque immédiatement au pied de la chaîne arabique; de l'autre côté, au contraire, jusqu'aux monts de Lybie, s'étend une assez large vallée arrosée, à son autre extrémité, par une dérivation naturelle du fleuve, le Bahr-Youssouf, laquelle alimente aux époques d'inondation diverses prises d'eau.

Ce soir-là, le *Rameses* a marché assez tard et nous passons la nuit mouillés au milieu du fleuve. Après onze heures, quand tous les feux sont éteints à bord, un silence absolu règne autour de nous; les eaux elles-mêmes roulent sans bruit, dans leur lit majestueux; le ciel, d'un bleu intense, resplendit. Quelle soirée reposante et comme nous voilà loin des ambitions, des appétits, des tracas qui, là-bas, agitent les hommes du Nord.

Le lendemain 8, nous passons au pied de la haute falaise de Gebel-el-Tayr que domine le couvent

copte dont les moines venaient jadis à la nage
solliciter la générosité des voyageurs. « Au pied »
est actuellement une manière de parler, car un
banc de sable repousse le courant vers l'autre
rive. Les eaux sont, en effet, déjà très basses;
c'est pourquoi les touristes, qu'aucune autre
préoccupation ne sollicite, feront sagement d'entreprendre un peu plus tôt, en décembre par
exemple, la promenade du Nil. A cette époque,
les eaux sont encore hautes et le pont du navire
plus élevé permet de jouir d'une vue étendue
sur les rivages.

A Beni-Hassan, sur la rive droite, on va visiter
quelques-unes des grottes funéraires dont les
flancs de la montagne arabique sont troués. Les
tombes d'Ameni Amenémhat et de Knoum-Hotep
sont intéressantes par les nombreux tableaux
qu'elles présentent, dont les peintures sont bien
conservées, et aussi parce qu'on y trouve des
sortes d'essais de colonnes doriques. Elles sont
creusées à mi-hauteur dans la falaise, au point
où se terminent les éboulis. On a, de leur entrée,
une vue d'ensemble sur la vallée du Nil et sur la
chaîne lybique qui la limite. Dans une autre partie
de la falaise, se trouve un petit temple *Speos
Artémidos* qui ne peut guère intéresser que des
égyptologues.

Nous passâmes la nuit à Roda, où nous visitâmes une magnifique sucrerie khédiviale. J'ai été heureux de constater que les gigantesques moteurs de cette manufacture étaient de fabrication française; c'est aussi, paraît-il, un ingénieur français qui dirige la sucrerie. Que de choses ont été faites dans ce pays par nos compatriotes! A chaque pas, un indice rappelle le souvenir de ce passé qui fut si brillant et de la faute que nous avons commise. Elle n'est sans doute pas irréparable, mais combien il faudra d'énergie, de persévérance, de suite dans les idées pour rendre à ce pays cette autonomie qui nous était si profitable.

Le 9 février, notre quatrième jour de navigation sur le Nil, nous passons devant Maabdèh, où se trouve la nécropole des crocodiles. Leurs momies sacrées gisent là par milliers dans les grottes naturelles, à peine explorées, de la chaîne arabique.

Notre programme comporte un arrêt à Assiout, la principale ville de la Haute-Égypte. Bien longtemps avant d'y arriver, les minarets de ses mosquées apparaissent, grâce aux détours du Nil, tantôt à notre gauche, tantôt à notre droite, au pied d'un éperon de la chaîne lybique. Bien qu'il n'y ait aucun monument important à visiter, nous attendons le débarquement avec une émotion complexe : Assiout est en effet notre premier arrêt prolongé ; nous y entrons plus véritablement dans l'inconnu. Le Caire est magnifique, mais qui ne le sait par cœur avant de l'avoir vu? La petite ville d'Assiout a fait moins de bruit dans le monde, elle a moins inpiré les écrivains, mais, justement pour cela, il nous semble qu'elle peut nous réserver des sensations plus neuves. Peut-être aussi recevrons-nous des lettres d'Europe venues par chemin de fer? Je ne suis pas de ceux qui les désirent, sachant par expérience qu'elles sont toujours en voyage des trouble-fête et des trouble-repos. Mais c'est une joie pour d'autres. Ce qui me réjouit, c'est la perspective de passer quelques bonnes heures dans le bazar, dont le Guide nous vante les produits : ivoire, plumes d'autruche, poudre d'or, etc.

Je ne sais si vous partagez ma passion pour les bazars d'Orient; si je devais jamais être blasé, je le serais sans doute aujourd'hui, car Dieu sait combien j'ai passé d'heures dans ceux de Tunis, de Smyrne, de Constantinople, d'Andrinople, etc. Mais je trouve toujours le même charme à voir les petites boutiques aux rares marchandises, où le vendeur se tient accroupi au milieu de produits misérables, qu'un rayon de soleil, passé à travers les lambeaux de tentes, transforme en joyaux et en pierres précieuses: tomates écarlates, oranges dorées, babouches rutilantes, tout, jusqu'à ces cotonnades de Manchester et de Rouen dont les teintes violentes paraissent barbares sous notre ciel anémique, forme des tableaux exquis que ne vient point enlaidir la froideur des lignes droites occidentales. Il n'est presque pas de marchand au milieu de sa boutique qui ne fournirait à un peintre un sujet admirablement composé. Dans ce cadre coloré, circule la foule bruyante des clients ou des badauds, des amis des marchands qui viennent sans façon prendre avec eux de petites tasses de café, tandis qu'au milieu des ruelles, déjà si remplies, retentissent les cris des âniers et des chameliers qui trouvent moyen de faire circuler leurs bêtes sans que les marchandises soient renversées ou les passants blessés. Et n'est-ce pas divinement amusant de passer dans cette foule respectueuse des Européens, de s'arrêter devant des produits inconnus, de rechercher dans les coins des boutiques ces riens dont on débat le prix minuscule en un langage à moitié mimé, et qui constituent ensuite de si chers souvenirs! J'ai éprouvé cent fois plus de joie à marchander à Constantinople une petite plaque de faïence persane dont un juif gémissant, larmoyant, prétendait obtenir dix louis, ou dont un Turc demandait 50 francs, que de la possession de tous les objets d'art achetés à Paris à prix fixe. C'est qu'en dehors de leur beauté même, ceux-ci ne disent rien à mon imagination, tandis que je ne puis regarder la lame incrustée d'or de ce cimeterre sans penser à ce vieux Turc barbu du bazar carré de Constantinople, qui me disait avec un grand geste noble : « Je ne suis pas un Juif. Si tu veux, je te dirai tous les prix, tu m'offriras les tiens, et si tu es raisonnable, les choses seront à toi... »

Le chemin qui mène du Nil à Assiout —vingt minutes à âne — est ravissant, quoiqu'il commence à être un peu trop bordé de maisons européennes. Quant au bazar, on n'y trouve plus ni poudre d'or, ni plumes d'autruche, ni dents d'éléphant, rien qui puisse vraiment tenter un collectionneur. Mais il est plein de couleur et d'animation. Nous y passâmes une heure, le soir avant dîner. Si les marchands d'objets d'importation européenne firent de maigres affaires, ils ne se réjouirent pas moins que nous du spectacle qu'offrait notre caravane juchée sur des ânes têtus.

Le lendemain matin, dès la première heure,

nous partions encore à âne pour la montagne, au delà d'Assiout. Je crois que la visite des cavernes où se trouvent les tombes, même celles du « loup sacré » et de Meri-ka-ra, ne passionnent personne. Mais après cet hommage rendu à l'égyptologie, une courte ascension conduit au sommet de la crête lybique et l'on jouit là de l'un des plus magnifiques spectacles qu'il m'ait été donné de contempler dans ma vie : c'est, à nos pieds, un vaste cirque de verdure, qui semble fermé de tous côtés par les deux chaînes mais qui s'ouvre en réalité à droite et à gauche, pour donner passage au fleuve nourricier dont le sillon argenté est piqué çà et là de la gracieuse tache blanche des dahabiehs. Sous les rayons du soleil faiblissant, les crêtes paraissent d'un violet pâle qui se détache délicatement sur la voûte bleue du ciel. Au premier plan, les deux Assiout, la ville vivante et la ville morte, forment un contraste saisissant d'une inexprimable beauté. C'est tout près de nous, sur les confins des cultures et de la zone désertique que la nécropole a été édifiée. Elle est au moins égale en dimensions à la ville d'Assiout : la note blanche y domine ; les tombeaux blancs sont environnés de murs festonnés de créneaux turbannés. Çà et là, quelques coupoles en limon grisâtre dont certaines se sont effondrées sous l'action du temps. Des acacias, des sycomores, des mimosas égayent ce cimetière, où le défilé des femmes — c'est aujourd'hui vendredi, le dimanche des musulmans — et les jeux des enfants mettent une étrange animation. Plus loin, comme un îlot au milieu de la plaine verdoyante, semée çà et là de bouquets de palmiers, Assiout, la ville habitée, tout entière en limon, de ce ton indéfinissable que prend la terre séchée, dresse sa charmante silhouette ornée de douze minarets. Les oppositions des façades éclairées et des pans de murailles plongés dans l'ombre crue, et sur la côte un élégant bois de palmiers, font de la petite cité une joie pour les yeux. Et, de la cité des morts à la ville, c'est sur la chaussée un incessant défilé d'hommes, de femmes, d'enfants, de chameaux, de chevaux, d'ânes, de moutons, de chèvres, s'appelant, se croisant, se poussant, rugissant, brayant, hennissant, mettant une vie intense dans ce paysage inoubliable.

VI

Tartarin sur le Nil. — Les ruines de Thèbes. — Louqsor. — Qournah. — Les tombeaux des Rois. — Deïr-el-Bahari. — Le Ramesseum.

Nous quittons Assiout le samedi 10 février, à midi, et nous passons sans nous arrêter devant Aboutig, Tahtah, pour coucher devant Maraga. Le lendemain est encore une journée entière de navigation. Nous saluons au passage l'antique Girgeh, terminus actuel du chemin de fer latéral au Nil. Durant les quelques minutes d'arrêt au ponton, un fort vacarme retentit tout à coup sur le pont du *Rameses*. A notre stupéfaction, une voix française, une voix du Midi clame: « J'arrive! Je suis arrivé! J'ai pris le chemin de fer. Je vais jusqu'à la seconde Cataracte. Oui, mon cher! »

C'est Tartarin lui-même venu en Égypte, sans doute pour dompter les sphinx. Nos premiers compagnons français, qui l'ont rencontré sur le paquebot des Messageries, font d'abord une figure assez renfrognée. Mais Tartarin n'en a cure; il leur serre la main avec effusion, interpelle l'un, l'autre, juge déjà, à bord du bateau, choses et gens. Puis, sans désemparer, il nous raconte son histoire : il est Bordelais; son père, qui a fait fortune au Guatemala, est enchanté de lui voir dépenser son argent à courir le monde. Il publie ses « impressions » et il est vraiment fort satisfait du résultat. Ses pérégrinations ne l'empêchent pas, d'ailleurs, d'être un Parisien consommé, un vrai boulevardier. Il tutoie les actrices et nous raconte l'histoire de leurs liaisons : « Sacrebleu ! on n'a pas l'air de s'amuser sur ce bateau. » Si Tartarin avait seulement avec lui deux ou trois de ses amis, il aurait vite « mis tout sens dessus dessous ». Cette perspective n'a rien qui séduise les compatriotes de Tartarin. Quant aux Anglais, ils regardent avec stupeur ce gaillard haut en couleur, le chef couvert d'un magnifique chapeau à panache d'étoffe, qui s'agite, gesticule, parle avec un accent formidable. Cela d'ailleurs ne déconcerte aucunement Tartarin, qui, sans s'inquiéter de savoir s'ils connaissent un mot de français, interpelle les uns, propose aux autres des parties de palets, adresse à tous ses plus gracieux sourires. Je n'ai jamais rencontré un homme qui personnifiât aussi admirablement la création de Daudet.

Notre Tartarin est bruyant, hâbleur, mais bon garçon, prêt à rire de tout et de lui pour commencer. Pourvu qu'il ait suffisamment à boire, à manger et à fumer, il est prêt à subir les plus atroces privations, et il fera les chevauchées les plus extraordinaires, — pourvu qu'il ait un âne solide et qui ne le secoue pas trop.

Le *Rameses* dépasse Bellianah, en face d'Abydos, dont nous verrons seulement les temples au retour. Nous mouillons pour la nuit à Dishneh. Le lendemain, visite au temple de Denderah. Jusqu'ici, nous n'avions vu que des tombeaux ou des monuments ensevelis sous les sables. Le temple consacré à la déesse Hathor, à Denderah, est assez bien conservé et suffisamment dégagé des décombres qui le recouvraient pour que nous puissions avoir une idée de ce qu'était un temple égyptien avec son enceinte, ses pylônes, ses colonnades massives, ses chambres cachées, son sanctuaire et les tableaux qui ornent toutes les murailles. Les cryptes du temple d'Hathor, si intéressantes par les scènes d'un coloris frais et délicat qui sont peintes sur les murailles, sont remplies de cette inexprimable et forte odeur qu'exhalent toutes les vieilles tombes égyptiennes; il y règne une chaleur étouffante et des myriades de petites chauves-souris effrayées par les lu-

TRUNK OF REDWOOD

mières vous heurtent au passage. Malgré ces petits désagréments nous demeurons un assez long temps à examiner les décorations murales. Quel dommage que l'art égyptien ait donné une aussi large place aux emblèmes, à des figurations consacrées, cent fois reproduites, et que les égyptologues seuls peuvent apprécier complètement...

Presque en face de Denderah, sur la rive droite, est Kéneh, où nous nous arrêterons au retour. C'est là que se fabriquent ces gargoulettes poreuses grâce auxquelles notre eau demeure fraîche malgré la chaleur. Il se fait en Égypte une consommation énorme de cruches de Kéneh de toutes formes; on rencontre à chaque instant durant la journée, sur le Nil, des barques qui en sont chargées.

Pour le moment, toutes nos pensées sont fixées sur Louqsor, où nous devons arriver le soir même au coucher du soleil. C'est vraiment la capitale des ruines. Là, sur les bords du fleuve, s'élevait la fameuse Thèbes aux cent portes, qui fut longtemps la principale ville de l'Égypte. Les restes colossaux de sa splendeur séculaire, bien qu'ils aient enrichi Rome et ensuite nos capitales, sont encore nombreux. Le sol de la rive gauche et les flancs de la chaîne Lybique ne sont pour ainsi dire qu'un immense cimetière de momies. Depuis quelque temps, on a découvert que le climat chaud et sec de Louqsor était excellent pour certains malades. Aussi, la petite ville est-elle en train de devenir une station hivernale : de grands hôtels y sont construits et durant les mois d'hiver le nombre des voyageurs y est considérable.

Vers quatre heures nous croisons une dahabieh qui porte à l'arrière le pavillon français, dont la vue nous fait un peu battre le cœur : il est devenu si rare sur le Nil, qu'Américains et Anglais semblent s'être partagé! Puis, presque aussitôt, les ruines grandioses de Karnak apparaissent sur la rive droite, dominant les bouquets de palmiers. Voici les maisons grises de Louqsor qu'égayent le minaret blanc de la mosquée et les façades colorées des hôtels; une flottille de vapeurs et de dahabiehs entoure les appontements de l'agence Cook. Là-bas, sur la rive gauche, les montagnes ont des teintes violacées d'une exquise douceur. Tout près du débarcadère, les monstrueuses colonnes du temple jaillissent du sol et portent des architraves démantelées. Des masures arabes surplombent au-dessus du temple que d'autres masures recouvraient jadis, à côté de la mosquée qu'on n'a pas osé détruire.

Afin de jouir des heures de jour qui nous restent encore, nous allons nous promener dans le ravissant jardin de l'hôtel de Louqsor, ouvert librement aux Européens. Des corps de bâtiment à un seul étage y sont semés çà et là au milieu des verdures; devant l'entrée principale de l'hôtel, deux énormes pélicans blancs stationnent gravement, empoignant au passage les mollets des passants; un Indien étale des étoffes de couleurs voyantes « soudanaises ». Il n'y a pas de bazar à Louqsor, mais les rues sont remplies des « shops », de ces Indiens marchands d'étoffes et de boutiques de photographes, de marchands d'antiquités, etc. Nous ne sommes pas peu surpris de nous entendre interpeller en français par des indigènes, notamment par des enfants : « Monsieur, je suis Joseph Michel, si vous avez besoin de moi, je suis à votre disposition. » — « Je suis Georges, » etc. Ce sont des élèves de l'école des Franciscains, qui est installée à Louqsor. Trois Pères y donnent l'enseignement en français, professent notre langue et font connaître notre pays. Je crois que l'Alliance française leur vient en aide. En tout cas, je prends la liberté de signaler cette école à sa sollicitude, car elle fait une œuvre d'une incontestable utilité. Grâce à eux, l'anglais n'est pas encore devenu à

Louqsor, comme dans le reste de la Haute-Égypte, la langue courante. Je recommande aussi les Franciscains de Louqsor à la générosité des voyageurs français. On est assailli durant tout le trajet de demandes en faveur de l' «hôpital de Louqsor»: c'est une œuvre peut-être très méritoire, bien qu'elle ne nous ait point débarrassés de ces affreux « blind » qui vous harcèlent à l'entrée de tous les monuments; mais elle est essentiellement anglaise, et c'est pourquoi les passagers français du *Rameses* lui refusèrent systématiquement leur concours, réservant leur obole pour les Franciscains.

Le hasard de notre promenade nous conduisit sur une place où des Bédouins à cheval, brandissant d'immenses perches, se livraient à une « fantasia »; cela consiste à lancer le cheval au triple galop en lui ensanglantant les flancs et à l'arrêter brusquement en lui déchirant la bouche. C'est sans intérêt et c'est répugnant. Je préférai de beaucoup me mêler à un cercle d'indigènes entourant de bons nègres qui se livraient à un tournoi de bâton suivant toutes les règles de l'art. Parmi les spectateurs étaient quelques *Bicharis*, vrais sauvages aux cheveux tressés et enduits d'huile de ricin. Ils sont noirs. mais avec des traits parfaitement européens; ceux qui habitent Louqsor sont de simples mendiants ; les tribus vivent à l'état nomade entre le Nil et la mer Rouge.

Un de nos amis nous avait indiqué à Louqsor, comme drogman, un jeune Copte catholique, élève des Franciscains, nommé Georges Gattass. Sur notre demande, il nous conduisit le soir dans un des cafés où l'on donne la danse du ventre. Les Expositions internationales ont vulgarisé ces exercices, dont je trouve d'ailleurs l'intérêt moins que médiocre. Au contraire, la foule grouillante aux approches des cafés, le son des musiques arabes, les marchands en plein vent mettaient ce soir-là dans la rue une animation amusante.

Il faut encore que je présente une requête à l'Alliance française : à Louqsor, comme dans toutes les localités importantes des rives du Nil, les étrangers sont salués par de jeunes enfants qui leur demandent des livres français. Peu importe lesquels ; c'est pour apprendre la langue que les petits Égyptiens font cette demande, sans doute avec l'ambition de devenir drogmans. Combien de personnes en France ont dans des coins de leur bibliothèque des livres qui ne leur sont d'aucune utilité. Si l'Alliance française en faisait une sorte de collecte, il lui serait facile de les faire distribuer en Orient après une sélection nécessaire. En attendant, les touristes qui se muniront pour aller en Égypte de livres français à distribuer aux petits indigènes feront œuvre utile.

Le programme du 13 février était chargé : nous devions visiter une partie des monuments de la rive gauche. Dès la première heure, de grandes barques conduites par des rameurs qui chantaient des litanies nous transportaient de l'autre côté du Nil ; assez loin devant nous, se dressaient les crêtes abruptes, toutes rosées, de la chaîne Lybique. Les ânes enfourchés, nous partons au triple galop à travers une plaine sableuse que le Nil recouvre entièrement aux grandes eaux. Nous franchissons un canal de dérivation actuellement à sec, des chaussées, et nous voilà encore zigzaguant en file indienne à travers les cultures de ricins, salués par l'habituel « bakchich ! » des jeunes fellahs. Depuis le rivage du Nil, chaque touriste était accompagné d'une petite fille arabe, portant sur la tête une gargoulette d'eau fraîche ; ces fillettes demeureront un des meilleurs souvenirs de notre voyage : quelques-unes avaient de délicieux visages sous leur grand voile bleu ; telle la petite Fatma, qui s'était attachée à nous ; toutes dessinent d'exquises statuettes avec leurs

vêtements bleu foncé, leurs bracelets multicolores
et la gargoulette soutenue sur la tête comme
une amphore par un mouvement de bras
gracieux. D'abord, habitués aux obsessions des
gamins fellahs, nous avions voulu les écarter,
mais qui aurait pu résister au charme de leur
douce voix si étrangement musicale : « Non,
monsieur, non, lady, Fatma *await for you.* » Et
Fatma, ses petits pieds nus, son amphore sur la
tête, suivait le galop rapide des ânes, profitant
de chaque arrêt pour nous adresser des sourires
et pour nous offrir de l'eau : « Acqua ? Acqua ? »

A peine étions-nous arrivés, après une longue
chevauchée, au temple de Qournah, que des
nuées de petits marchands nous entourèrent.
Cette fois, je me laissai tenter. D'autant que le
Guide Joanne me le conseillait ; et, sur ce point,
combien il a raison ! Le voyageur qui séjourne
longtemps en Égypte peut procéder pour ses
acquisitions comme il lui plaira, mais le touriste,
s'il est sage, achètera au musée de Gizeh les
pièces importantes qu'il désirera emporter et
qui lui offriront alors toutes garanties d'authen-
ticité. Quant aux menus bibelots qui n'ont
d'autre valeur que de rappeler plus tard à la
mémoire les incidents d'un voyage, il est préférable de les acheter aux fellahs qui viennent

vous les offrir dans les ruines. Le plus souvent ils sont authentiques, ou si naïvement contrefaits qu'après quelques écoles, il devient très aisé de les discerner. Ce dont il faut le plus se défier, c'est des marchands d'antiquités qui abondent à Louqsor et des drogmans. Les premiers vendent, un peu plus cher que le musée, des objets dont beaucoup sont savamment truqués. Quant aux drogmans, voici, à leur sujet, une anecdote instructive : J'avais offert à Bellianah 10 piastres (2 fr. 50) d'un petit bronze dont un Arabe me demandait quarante. Le drogman du bateau l'acheta, probablement pour quinze ou vingt, et, le lendemain, il le revendait 100 fr. à un passager américain...

Je ne suis ni collectionneur méthodique, ni spécialement amateur d'antiquités. Cependant je me suis pris à Louqsor d'une belle passion pour les achats de bibelots antiques. C'est si amusant de voir un vieux fellah dénouer précieusement un coin de mouchoir déchiré et vous montrer ses richesses : des morceaux de momie, des scarabées vrais ou faux, des pièces romaines, des cailloux, des débris de colliers égyptiens ou de jouets européens modernes, des lambeaux de cercueil peints. Où a-t-il ramassé tout cela? Un peu partout, le plus souvent dans les fouilles où il a été employé ou dans celles qu'il pratique lui-même la nuit, à la dérobée. C'est le braconnage des ruines. La terre de Thèbes est pavée de ces richesses : toute la partie de la rive gauche qui s'élève au-dessus du Nil n'est qu'un vaste cimetière, et les flancs de la montagne qui ont porté des milliers de momies en renferment encore des milliers. « Good! antique! » crie le fellah d'un ton convaincu. *Antique* est devenu dans la contrée synonyme de bon, beau. Les petits fellahs qui vous offrent des fleurs ou des fruits vous crient naïvement : « Antique! » Quant aux Arabes marchands, ils n'ont eux-mêmes que des notions très sommaires sur la valeur des objets qu'ils vous proposent. Après avoir demandé plusieurs shillings, ou même des dollars — car la désignation des monnaies est ici très cosmopolite — ils finissent par vous laisser les objets pour une ou deux piastres, ou même une demie. Et à peine ont-ils vendu un objet qu'ils recommencent à offrir l'autre avec la même persévérance bon enfant, riant aux éclats quand on plaisante un de leurs scarabées faux ou un caillou. L'un d'eux me céda ce jour-là une superbe tête de momie toute dorée ; après quoi, il me proposa pendant une heure, avec insistance, une cuiller ordinaire en fer-blanc...

Après la visite du temple de Qournah, qui

n'offre rien de particulièrement intéressant pour un simple touriste, nous commençâmes à nous élever dans les montagnes par un ravin abrupt qui rappelle certains coins de la Kabylie. Les parois rocheuses nous renvoyaient la chaleur du soleil; quelle température il doit y faire l'été, en plein midi! C'est assurément un lieu bien choisi pour la conservation des momies.

Ce défilé de Bab-el-Molouk conduit aux tombeaux des Rois, hypogées immenses taillés en plein roc. Chaque monarque thébain faisait commencer ce travail dès son arrivée au trône et décorer les parois; de sorte que le nombre et l'étendue des pièces, la profondeur des déclivités, sont le témoignage de la durée des règnes. Certaines de ces tombes ont jusqu'à 125 mètres de longueur, et jusqu'à 40 mètres de déclivité. Outre l'étonnement que produisent ces dimensions, les tombes sont encore intéressantes, même pour les touristes, par l'état de conservation des peintures qui les décorent.

Chaque fois que nous sortions d'un hypogée pour en visiter un autre, nous trouvions à la porte notre petite Fatma, qui nous prenait ou nous offrait nos ombrelles, nos manteaux, et qui nous

souriait en chantant de sa voix musicale : « Acqua ?
Beau man, beau lady ! Merci ! » Tout le monde
s'extasiait sur sa grâce. Que sera-t-elle demain ?
Pauvre petite Fatma !

Les provisions avaient été apportées à dos de
chameau. Nous déjeunâmes à l'entrée d'un
tombeau, dont les contreforts nous protégeaient
contre les rayons ardents du soleil. Les convives
épars sur des pierres, et, devant, la foule turbu-
lente des ânes et des âniers, formaient un tableau
plein de couleur. Je suis toujours un peu étonné
de voir l'ardeur avec laquelle les âniers sollicitent
des bakchichs. A quoi les emploient-ils, puisqu'ils
ne boivent point ?

Après le déjeuner, une hardie chevauchée au
bord du précipice nous conduisit sur un contrefort de la chaîne Lybique ; de là nous embrassions
toute la vallée, tout l'empire des ruines :
là-bas, de l'autre côté du Nil, la masse énorme
de Karnak, avec ses pylônes, ses obélisques, ses
colonnades gigantesques ; un peu à droite, le
temple de Louqsor émergeant au milieu du village ; puis, sur notre rive, dans la plaine, les
gigantesques colosses de Memnon, immobiles
au milieu de l'océan des verdures, orientés au
soleil levant ; sur la droite, le temple et les amas
de constructions de Medinet-Abou ; plus près,

Deïr-el-Medineh et les restes gigantesques du Ramesseum ; enfin, tout à nos pieds, les terrasses et les fouilles de Deïr-el-Bahari et d'El-Assassif. Pour ce jour-là, nous devions nous contenter de visiter ces dernières. Mais nous avions vu trop de temples, trop de tombeaux, trop de hiéroglyphes. C'est à peine si nous jetâmes un coup d'œil sur les fouilles d'ailleurs médiocrement intéressantes pour des profanes que pratique à Deïr-el-Bahari une société anglaise. La vue du Ramesseum et même des Colosses n'ajoutait rien à ce que j'avais imaginé d'après mes lectures. Mais je ne me lassais point de discuter avec les petits marchands sur les prix des jolies statuettes bleues de Deïr-el-Bahari. Combien en a-t-on sorti de cette montagne désséchée qui a recélé les momies séculaires d'une des capitales du monde ? Combien en reste-t-il encore de milliers dans ses flancs mystérieux ? Au premier abord, il paraît facile de vider les hypogées et les cimetières ; mais, quand on se trouve en présence de ce terrain fouillé, retourné, par les Grecs, par les Romains, par les Arabes, par les Européens, de ces masses incommensurables apportées par les inondations du Nil, par les éboulis des montagnes, surtout par les sables impalpables du désert, on comprend que la terre de Thèbes n'ait pas com-

LE RAMESSEUM ET LES TOMBEAUX DES ROIS.

plètement révélé son mystère. Longtemps encore les recherches obstinées, persévérantes des savants, ou les fouilles des fellahs, mettront au jour de nouvelles trouvailles pour la satisfaction des égyptologues et pour la joie des amateurs de bibelots.

VII

Karnak. — Les Scarabées. — Le Ramesseum. — Deir-el-Medineh. — Medinet-Abou. — Les Colosses. — Une fête sportive à Louqsor.

Le 14 février, dès le matin, un quart d'heure de chevauchée nous conduisait aux ruines de Karnak : c'est assurément ce que nous avons vu de plus imposant depuis notre arrivée en Egypte, où pourtant nombre de choses ont surtout un caractère de grandeur et de majesté. Karnak est comme une forêt de pierre cyclopéenne, sur laquelle un fabuleux ouragan aurait passé : presque seules, les colonnes massives de la salle hypostyle ont résisté aux outrages des hommes et aux tremblements de terre; autour d'elles gisent, plus ou moins démolis, les pylônes formidables, les colonnades précipitées, les colosses ou les obélisques de granit rose; et cela à perte de vue; çà et là, sur cet océan de débris, des gravures et des hiéroglyphes profondément gravés continuent de chanter la gloire de Seti I⁰ᵉ et de son fils Ramsès II à la mémoire desquels

VUE D'ENSEMBLE DES RUINES DE KARNAK.

la plupart des monuments égyptiens ont été édifiés — ou convertis. L'enceinte du grand temple
— autour duquel sont encore épars d'autres
vestiges, des temples, de gigantesques avenues de
sphinx ou de béliers colossaux — a près de
2400 mètres de pourtour. On passe des heures
à chercher à se reconnaître dans cette capitale
des ruines, dont l'énormité confond l'imagination. Lorsqu'on a tout vu par le détail, on peut
remonter sur le premier pylône, juste aussi élevé
que la colonne Vendôme (44 mètres) et de là
contempler encore les prodigieux décombres qui
attestent, à travers les siècles, ce que fut la civilisation égyptienne.

Presque tout ce qui nous reste de cette civilisation a trait aux rois et à la religion, deux puissances d'ailleurs essentiellement unies et même,
sans doute, subordonnées, car le vrai gouvernement n'était-il pas au fond des temples, dans
l'ombre mystérieuse des sanctuaires? Comme je
souhaiterais qu'un Flaubert érudit et artiste fît
revivre les habitants de ces temples, aussi bien
aux jours solennels où ils semblaient s'incliner
devant la gloire de rois presque dieux — leurs
instruments — qu'aux heures habituelles où sans
doute ils discutaient et perfectionnaient leurs
mythes, avant de les donner en aliment à la foi et

à la dévotion des hommes! Ont-ils été de simples augures mystificateurs, en quête de la satisfaction d'appétits grossiers, ou bien de sages philosophes protégés dans leurs méditations et dans leur action dirigeante par une nécessaire et commode barrière de fictions? Ont-ils cru eux-mêmes, comme cela paraît être le cas le plus ordinaire, à la religion qu'ils créaient, dégageant seulement les hautes significations morales des figurations grossières offertes à la superstition des foules? Que de couleur et que de pensée dans ces tableaux que pourrait faire revivre une nouvelle *Salammbô* !

Pourtant, devant cette souveraine majesté, je ressens plus vive encore l'impression de Memphis : ces temples si imposants n'étaient beaux ni dans le détail ni dans l'ensemble : ils n'ont que la force et point de grâce ; le pylône est une forme trop simple ; l'air manque entre les colonnes énormes de la salle hypostyle ; les chapiteaux sont lourds ; les hiéroglyphes, intéressants comme écriture, sont médiocres comme ornementation. Tout cela constitue un art puissant, mais simple, presque primitif : entre cet art et les monuments grecs, de même qu'entre ceux-ci et l'art arabe ou l'art gothique, il y a toute une étape d'humanité...

Habituellement, on revient le soir rêver dans

PORTIQUE DE LOUQSOR.

les ruines de Karnak, sur lesquelles, au milieu
d'un silence solennel, la lune éclatante épand ses

mystérieuses clartés. Cela éveille encore un monde de pensées...

Après la visite de Karnak, celle du temple de Louqsor ne peut naturellement produire qu'une impression amoindrie. Outre des colonnades et des colosses de granit rose, dont l'un est remarquablement conservé, il y reste cependant un magnifique obélisque dans un parfait état de conservation. Il est un peu plus haut, mais il m'a paru moins riche en hiéroglyphes que celui qui fut apporté en France et dressé place de la Concorde. Les deux monolithes étaient voisins ; on montre encore l'excavation qui servit à conduire les eaux du Nil jusqu'au nôtre, pour l'embarquer.

En revenant au bateau, j'aperçois notre Bordelais qui pose des questions au drogman en se battant élégamment les mollets avec sa cravache. L'autre, qui sait à peine quelques mots de français, mais qui nous a entendus parler entre nous de notre compatriote, répond imperturbablement :

« Oui, monsieur Tourtourin.

— Comprenez-vous cet animal, me dit le Bordelais en se croisant les bras : voilà dix fois que je lui répète mon nom et il s'obstine à m'appeler Tourtourin ! »

Le lendemain, nouvelle course sur la rive gauche, où nous retrouvons notre petite Fatma et les fellahs marchands d'antiquités. Le bibelot le plus recherché par les touristes et, naturellement le plus imité, c'est le scarabée, sorte de petit bijou qu'on trouve dans les tombeaux ; le dos ressemble à celui de l'animal qu'il imite et le plat est généralement gravé en cartouche. Le sujet et la finesse de cette gravure, la matière dans laquelle le scarabée était sculpté variaient à l'infini. Aussi est-il bien difficile de discerner les scarabées authentiques des imitations. Celles-ci sont innombrables ; on vend couramment à Louqsor, pour moins d'un sou pièce, de minuscules scarabées verts et d'autres, plus gros, verts marqués de jaune, en faïence vernissée. Ceux-ci, on apprend très vite à les connaître. Mais Georges Gattass m'a mené voir une autre « fabrique ». Que ce mot n'éveille pas l'idée d'usine. La fabrique que nous visitâmes, c'est tout simplement un vieil Arabe, travaillant avec un seul apprenti, son fils. Il prend une pierre tout à fait analogue à celles dont se servaient les anciens Égyptiens, agate, cornaline ou caillou coloré, et à l'aide d'une petite meule qu'il meut avec le pied, la taille en scarabée. En somme, cet Arabe fait de vrais bijoux et il n'aurait nullement besoin, pour les vendre, de les travestir en bibelots antiques. Il les fait payer de 2 à 3 shillings et m'a

donné le choix entre un scarabée ancien et l'un
de ceux qu'il venait de terminer. J'ai pris l'ancien,
mais peut-être par snobisme, car l'autre était
plus joli. Cet Arabe compte se rendre très prochainement au « chicago » d'Alexandrie. Pour
lui, Chicago est synonyme d'exposition.

Il faut enfin noter, parmi les contrefaçons de
scarabées, celles que taillent les paysans de Deir-el-
Bahari dans des cailloux calcaires avec leur cou-
teau. Elles sont rares et assez grossières; mais il
existait aussi dans la vieille Égypte des scarabées
grossiers, des scarabées de pauvre. En somme, à
Louqsor du moins, les anciens scarabées ne sont
pas toujours aussi difficiles à distinguer qu'on l'a
prétendu. S'il existe des contrefaçons plus fines,
elles sont des importations du dehors et se trou-
pent surtout chez les drogmans et chez les marchands d'antiquités qui vendent couramment un
scarabée de dix à cent francs. Les fellahs de la
montagne ne seraient pas assez riches pour les
acquérir d'abord, et ensuite ils ne pourraient pas
les vendre au prix modique dont ils se contentent
pour les scarabées vrais qui ne leur ont rien
coûté; il est vrai que la plupart de ces scarabées
trouvés dans les tombes ne sont beaux ni comme
cartouche ni comme coloris; la plupart sont
endommagés. On fait pourtant de temps à autre

des découvertes, et c'est l'espoir de tomber sur
ce bibelot rare qui rend si amusantes les fouilles
dans les vieux chiffons des marchands. Il y a là,
à la fois, l'attrait du jeu et l'entraînement de la
« curiosité ».

J'ai trouvé à Deir-el-Bahari, notamment, de
jolies choses et d'autres en trouveront après moi,
sur cette terre pavée de richesses, surtout s'ils se
font accompagner par Georges Gattass, qui est
un aimable guide, poli, discret, honnête et parlant
admirablement le français. Je me fais ici l'inter-
prète de nombreux compatriotes et je rends assurément service à beaucoup d'autres, futurs
voyageurs sur le Nil, en leur recommandant ce
brave garçon...

L'amour du bibelot m'a entraîné un peu loin
des temples. Mais que dire pour demeurer fidèle
à mon programme et ne point anticiper sur un
terrain qui n'est pas le mien? Nous avons revu
de près les restes imposants du Ramesseum, avec
sa colossale statue de granit rose dont, hélas ! les
débris jonchent le sol. Pourquoi n'a-t-on pas
tenté de la reconstituer avant qu'ils ne fussent
dispersés? Elle pourrait rivaliser par ses dimensions avec les colosses de Memnon et la matière
en est plus belle.

Quelques minutes de course à âne nous conduisirent du Ramesseum au petit temple de Deir-el-Medineh. Je lis dans les livres qu'il n'est pas de la « bonne époque ». Je m'en étais tout de suite douté, à voir ses petites colonnettes irrégulières, ornées de chapiteaux gracieux, la finesse et l'élégance de ses sculptures. Que les égyptologues me pardonnent ! ce coin de beauté m'a reposé la vue de ces gigantesques pylônes, de ces colonnes massives, entre lesquelles l'air ne circule point, et de ces gravures hiératiques qui racontent tant de choses, mais auxquelles il manque la vie et la beauté.

Encore quelques foulées d'âne — « good donkey ! good ! mister ! antique ! » — et nous voici au milieu d'un autre océan de ruines : Medinet-Abou. Temples de Thoutmès II, de Ramsès III, Grand temple. Il suffira de dire que ces restes sont impressionnants, même après Karnak. Certaines pièces du grand temple possèdent des peintures remarquablement conservées. Du sommet du pylône principal, où l'on accède, comme toujours, par un escalier creusé dans l'épaisseur des murailles, les colosses nous apparaissent dressés au milieu des verdures dans leur immobilité obsédante. L'été, toute cette vaste plaine est couverte par l'inondation et ils émergent du sein des eaux, spectateurs séculaires de

ce phénomène qui, presque seul des choses envi-
ronnantes, les a précédés, regardant avec la
même sereine impassibilité passer sur le fleuve, il y a
des milliers d'années, les barques arrondies des Pha-

LES COLOSSES DE MEMNON.

raons et aujourd'hui les vapeurs de M. Cook...
Cette course rapide sur la rive gauche ne
nous avait pris qu'une matinée. L'après-midi
devait être consacré à une de ces distractions

comme les Anglais savent en créer partout où ils s'établissent. Voici quel était exactement le programme du « huitième meeting du Luxor Sporting Club ».

1° Course d'obstacles pour âniers.

2° Course d'obstacles pour Bicharis.

3° Course de chameaux.

4° Course à ânes, les âniers ayant le visage tourné du côté de la queue.

5° Course de chevaux.

6° Course de gentlemen à âne, sans brides, sans étriers et avec une carotte en guise de cravache.

7° Course de dames à âne.

8° Course de buffles.

9° Lutte d'âniers montés sur leurs ânes.

Une tente avait été dressée dans la plaine pour garantir les Européens contre les rayons du soleil et, comme disent les comptes rendus, « cette attraction avait attiré un grand concours de population ». Un gentleman fort digne donnait les départs, et un autre, non moins sérieux, notait les arrivées : les Anglais ne plaisantent pas avec les choses de sport. Ce sont naturellement les courses de gentlemen et de ladies qui ont le plus amusé. J'étais parmi les concurrents, monté sur un âne inconnu et tout à fait rebelle, hélas !

aux injonctions de la carotte. Comme le disait notre Tartarin, qui était demeuré prudemment spectateur, j'ai toutefois « porté dignement le drapeau de la France », non pas parce que je suis arrivé troisième sur vingt, mais parce que je ne suis point tombé par terre. malgré un terrible tournant qui mit hors de cause plusieurs concurrents. Nous comptions sur une charmante petite passagère, une Autrichienne, Mlle Von Kubinsky, pour faire triompher le *Rameses* des autres bateaux et des voyageurs des hôtels ; malheureusement un ânier maladroit la retint par sa robe, au départ et l'âne partit tout seul... La vie est faite de déceptions...

De Louqsor à Assouan. — Esnèh. — Edfou. — Komombos. — Assouan. — L'île d'Éléphantine. — Le
bazar.

Que dire maintenant des temples qu'on visite
entre Louqsor et Assouan? Celui d'Esnèh, encore
encastré dans les constructions arabes qui l'en-
serraient jadis complètement, est intéressant
par ses vingt-quatre colonnes ornementées.
Celui d'Edfou, grâce à son remarquable état de
conservation, donne mieux qu'aucun de ceux
que nous avons rencontrés jusqu'ici l'impression
de ce qu'était le temple égyptien dans sa forme
habituelle. Du haut du pylône monumental qui
forme l'entrée, on embrasse parfaitement la
disposition générale : la vaste enceinte rectan-
gulaire ménageant entre elle et l'édifice des
allées mystérieuses, la cour dallée, avec ses
portiques latéraux, son pronaos, ou portique
d'entrée, son naos, encore orné de colonnes,
où commence le temple proprement dit et qui
conduit aux chambres réservées aux prêtres.

PYLONE DU TEMPLE D'EDFOU.

C'est ici que se comprend le mieux l'idée générale du culte égyptien, avec ses terrasses et ses cours utilisées pour les processions et ses sombres réduits, réservés aux prêtres et aux objets sacrés.

A quelques heures de marche d'Edfou, le fleuve se resserre entre les deux chaînes de montagnes, jusqu'à n'avoir plus qu'une largeur de cinq cents mètres. C'est un spectacle qui ne manque pas de grandeur. Là se trouvent les carrières de grès dur qui, au temps des pharaons, servirent à la construction de tant de monuments ; elles sont encore utilisées aujourd'hui. Au delà, le lit du fleuve s'élargit de nouveau, mais la vallée demeure étroite ; immédiatement derrière les palmiers qui bordent les rives, commencent les sables, puis, après, la montagne. Sur les sentiers latéraux que bordent les rangées de palmiers, et, çà et là de tristes huttes de limon, nous apercevons, l'un après l'autre, un mariage et un enterrement. Je ne sais lequel paraissait le plus gai : le cortège du mariage suivait allègrement un drapeau vert ; mais l'enterrement allait d'un pas non moins rapide ; une légère brise nous apportait l'étrange hululement des pleureuses. Un peu plus loin, des Bédouins galopent sur leurs magnifiques chevaux qui se cabrent en hennissant. Combien avons-nous vu, durant ces journées de navigation dont j'avais appréhendé la monotonie, et qui n'étaient que trop vite passées, de ces menus incidents de la vie arabe que le Nil faisait défiler devant nous comme un magique kaléidoscope ; c'est que la vie, en Égypte, est tout entière concentrée sur le fleuve qui l'a créée et qui la défend contre les assauts du désert.

A Komombos s'élevait un temple dont la base, avancée en éperon, s'en allait débris par débris sous la tenace morsure du fleuve, tandis que les colonnades disparaissaient peu à peu sous les sables. Ainsi l'édifice pris dans la lutte séculaire de ces deux forces, le sable et l'eau, périssait. Déjà le pylône s'était abîmé dans le fleuve. M. de Morgan, le directeur du service des Antiquités a entrepris la défense du vieux temple. Un contrefort solide flanqué d'épis contient le courant du Nil; les sables, enlevés, sont endigués par de hautes murailles. Maintenant, le temple est intéressant à visiter : on y trouve quelques beaux vestiges de coloris, de ce bleu turquoise qui orne, sur les frontons, les ailes du disque solaire et qui s'harmonise si délicieusement avec les tons vieillis des murailles. Mais ce qui se fixe surtout dans la mémoire, c'est la silhouette

du temple déblayé, se détachant sur l'horizon. J'ai chez moi un tableau de Berchère qui, justement représente le Komombos de jadis, presque enseveli sous les sables : des Bédouins ont dressé leurs tentes devant les colonnes ; leurs chevaux errent aux alentours. C'est assurément une des meilleures toiles du maître, d'une couleur chaude et vibrante, et d'une remarquable justesse de sentiment. Quel chef-d'œuvre on pourrait faire encore avec le Komombos ressuscité, dressant dans la solitude sa sereine impassibilité sur l'éblouissante splendeur d'un soleil couchant. Et pour donner de la vie à cette nature, voici encore de maigres Bédouins qui s'efforcent de faire entrer dans des barques leurs chevaux noirs frémissants et piaffants. Ceux-ci ne sont pas spécialement contemporains : tels nous les voyons, tels ils devaient être, fuyant devant les armes victorieuses de Desaix, tels aux temps héroïques de l'Islam, tels aux premiers âges de la civilisation, alors que leurs tribus de pasteurs luttaient sans discipline contre les contingents des villes primitives.

Nous sommes en Nubie : les habitants que nous apercevons sur les rives du fleuve n'ont plus le même type : le mirliton de bois qui retenait le voile sur le front des femmes est remplacé par une barrette d'or ornée de pendentifs en corail serti d'or avec des boucles d'oreilles semblables. Un grand cercle d'or est passé dans une narine. Les palmiers doums qu'on ne trouve ni dans la Basse, ni même dans la Moyenne-Égypte, deviennent communs.

Dans l'après-midi, la bande de terre cultivée de la rive gauche s'élargit : par-dessus des maisons blanches, au loin, se dresse un minaret dominé lui-même par une éminence qui supporte encore des constructions : c'est Assouan.

Devant nous, l'île d'Éléphantine, avec sa pointe verdoyante de palmiers, divise le fleuve en deux bras ; sur la rive gauche, la montagne, toute droite, est surmontée d'un blanc marabout. La rive orientale, peu élevée, est bordée d'arbres au travers desquels s'aperçoivent des maisons blanchies à la chaux ; le bras du fleuve, entre l'île d'Éléphantine et Assouan forme une espèce de port où sont amarrés des pontons, des vapeurs, des dahabiehs. Les passagers du *Rameses* attendent avec impatience le moment de visiter Assouan, qui, pour beaucoup, est le terme du voyage ; mais tout à coup, juste au tournant du fleuve, le vapeur s'est arrêté, à un mille environ du port. Les matelots indigènes, avec de longues perches, font des sondages. Les eaux ont en effet tellement baissé durant ces derniers jours, que le capitaine a peur de s'ensabler. C'est un accident assez commun sur le Nil ; nous avons rencontré un bateau de la flottille Cook, le *Mohammed Ali*, qui, s'étant fortement

ASSOUAN.

engagé sur un banc de sable, dut transborder ses voyageurs et demeurer immobile pendant une semaine. Nous-mêmes, nous avons souvent senti les aubes des roues racler le limon du fond, mais sans qu'il advînt d'accident sérieux. Par accident, je veux dire, bien entendu, des retards et des transbordements, car il ne peut arriver autre chose. Cette fois, il faudra renoncer à pousser plus loin ; les pilotes sont allés dans une petite barque sonder les passages et ils déclarent que si le

Rameses atteint le port d'Assouan, il n'en pourra peut-être plus sortir. Il faut se résigner à rester où nous sommes. Cela se fait d'ailleurs le plus simplement du monde : nous nous approchons du bord, les cordes sont attachées à des pieux enfoncés séance tenante et une passerelle est jetée entre le pont et la rive. Durant la demi-heure qu'ont prise ces diverses opérations, deux grandes barques sont venues d'Assouan ; nous y descendons et elles nous transportent à Éléphantine. C'est le beau côté de l'île que nous avions aperçu en arrivant ; l'extrémité d'amont, qui fait face aux rapides, n'est à vrai dire qu'un immense et lamentable amas de décombres. La vue du fleuve, en amont, est assez pittoresque : son lit est semé de récifs de granit rose que le courant du fleuve a polis et noircis et qui semblent maintenant les dos de bêtes monstrueuses. Sur quelques-uns, des hiéroglyphes sont gravés. Un nilomètre ancien avait été construit sur le côté est de l'île.

Nous nous promenions au milieu d'une véritable foule de quémandeurs : inévitables *blind* abusant de leur infirmité pour se placer sur notre chemin, vieilles femmes d'une triste laideur et surtout d'innombrables bambins des deux sexes, Bicharis aux cheveux tressés, Arabes, Nubiens, de toute couleur et de tout costume, —

y compris le costume de notre père Adam. Un petit bonhomme arabe de huit ou neuf ans s'était improvisé notre guide; il marchait devant nous, gravement, répétant des mots d'anglais et de français et criant d'un ton comiquement furieux aux importuns : « Amchi! amchi ! » Quand, impatientés, nous faisions une distribution de coups de courbache à la ronde, il en attrapait quelques-uns, mais revenait aussitôt, paraissant croire que cela ne pouvait s'adresser à lui et il continuait imperturbablement ses explications et ses « Amchi! » A la fin nous lui donnâmes une courbache et nous finîmes par l'accepter comme drogman. C'était son ambition — celle de la plupart des enfants sur le cours du Nil. Et rien n'était plus drôle que de voir ce bonhomme de deux pieds de haut, se prenant très au sérieux, bousculer des nègres gigantesques pour nous ouvrir un passage.

Assouan, point terminus de la navigation du Nil égyptien a toujours été une ville relativement importante ; mais le passage des bateaux de touristes lui a communiqué une vie nouvelle : au début, un vieux vapeur de Cook, le *Seti I*[er] transformé en ponton, servait d'hôtel. Maintenant, un vaste bâtiment a été construit à terre, et bon nombre de voyageurs y demeurent durant l'intervalle compris entre deux passages de bateaux. Les grands palmiers qui ombragent le quai, le long de la ville et les bungalows des officiers anglais couverts d'une magnifique floraison de bougainvillas, forment une promenade charmante, animée par le va-et-vient des voyageurs montés sur leurs ânes. C'est, entre la ville et les bateaux arrêtés à un mille de là, un mouvement perpétuel ; bientôt un véritable marché s'établit, en face des vapeurs, sur les sables du fleuve. Les contingents de troupes égyptiennes sont installés dans des baraquements, en aval de la ville. C'est encore un but de promenade, ainsi que les quartiers habités par les Bicharis aux cheveux crépus. Mais ce qui m'a paru le plus amusant à Assouan, c'est le bazar. Pour la première fois, le dimanche, 18 février, aucune promenade officielle n'était inscrite au programme ; nous en profitâmes pour y passer quelques heures. On ne trouve plus guère à Assouan, non plus qu'à Assiout, ces produits qu'apportaient autrefois les caravanes soudanaises : plumes d'autruche, ivoire et gomme arabique. En revanche, les crocodiles empaillés et les armes « soudanaises » abondent ; ce sont d'ailleurs les « articles » les plus demandés par les Anglais et les Américains de passage. Aussi les mots « crocodile » et

« soudanese » ont-ils à Assouan la même signification qu' « antique » à Louqsor. C'est par le cri de « soudanese » que les marchands vous arrêtent et quand on ne répond pas au premier appel, ils ajoutent « crocodile » comme un argument irrésistible. Les crocodiles ne viennent pas de très loin, mais quant aux armes, pour quelques lames curieuses, quelques boucliers originaux, que d'horrible ferblanterie, fabriquée à Assouan et attribuée sans pudeur aux *Derouich* (mahdistes)! Après tout, ces braves gens ont raison de fabriquer cette ferraille, puisque cela fait le bonheur des étrangers qui ne manquent pas d'en emporter des panoplies complètes et qui s'imaginent de bonne foi avoir dévalisé Abdullahi lui-même. Et puis, Assouan n'est-il pas déjà assez loin pour que les produits de son industrie présentent l'intérêt d'un souvenir ? Toutefois, s'il s'agit de produits d'Assouan, on en peut trouver de meilleur goût : on y fabrique notamment des corbeilles d'un coloris charmant, des colliers de verroterie baroques, mais d'une jolie couleur. Le plus ou moins d'ambre qu'ils contiennent en fait toute la valeur aux yeux des indigènes; il faut voir de quel air indigné ils vous disent « Amber! real amber ! » quand on leur offre, comme de juste, le tiers de ce qu'ils demandent. On trouve encore des pagnes nubiens en lanières de cuir tressées, ornés de verroteries, de coquillages et d'ambre. Un peu plus haut, sur le fleuve, ils forment parfois l'unique vêtement des enfants; mais quand même on ne les porterait plus, ils n'en seraient pas moins des bibelots d'une couleur amusante.

Outre ces objets qui se vendent dans d'innombrables boutiques, on a des chances de trouver quelques scarabées ou de vieux bronzes, en fouillant dans les boîtes des Arabes que presque personne ne fait ouvrir. Un certain Max Verdan a d'assez curieux bibelots qu'il recueille dans les villages, durant l'été, quand les indigènes ont besoin d'argent et ne peuvent vendre directement leurs trouvailles aux touristes. Quant au commerce des étoffes pour Européens, il est, comme à Louqsor, tout entier aux mains de négociants hindous qui ont d'assez jolies soieries cerise, indiennes et des bandes de grosses toiles brodées, mais qui les vendent cher, — et bien entendu, comme produits du Soudan.

Le commerce le plus utile d'Assouan est certainement celui des courbaches; on en trouve de superbes, en peau de buffle; tous les voyageurs s'empressent de faire l'acquisition de l'unique argument qui permette de tenir à dislance les enragés quémandeurs de backchich.

Le 19 février, nous quittons le *Rameses* et nous nous séparons ainsi de la plupart de nos compagnons : en effet, dans le bassin supérieur qui s'étend de la première à la seconde cataracte, — d'Assouan à Ouadi-Halfa — l'Agence Cook n'a en service que deux petits bateaux, l'*Amkeh* et le *Samneh* qui peuvent donner place chacun à quatorze passagers au maximum. Nos compatriotes, encouragés par la première partie du voyage, voudraient bien nous accompagner jusqu'à Ouadi-Halfa, mais ils s'y prennent trop tard, les bateaux sont au complet. Il faut donc se dire au revoir ; c'est une des petites tristesses du voyage ; il n'était pas jusqu'à nos compagnons étrangers, dont nous avions fait peu à peu la connaissance, qu'il nous semblait ennuyeux de voir remplacer par de nouveaux visages...

IX

D'Assouan à Ouadi-Halfa. — Embarquement à bord du Samneh, à Chellal. — Ouadi-Seboua. — Korosko. — Cook's crocodile.

Il n'est ni impossible, ni vraiment dangereux de se faire remoiquer en barque à travers les rapides de la première cataracte; mais c'est long et coûteux. Deux procédés beaucoup plus pratiques permettent d'atteindre le petit port de Chellal, qui est le point de départ de la navigation dans le bassin supérieur. On s'y rend, soit au moyen d'un tronçon de chemin de fer qui a été créé au moment des incidents du Haut-Nil, soit à dos d'âne, en faisant porter les bagages par des chameaux. Ce second procédé ne demande pas plus d'une heure et demie. Nous choisîmes le chemin de fer : la ligne, tracée dans le désert, ne présente aucun intérêt spécial. Mais, dès l'arrivée à Chellal on aperçoit, à travers les palmiers de la rive, le plus ravissant tableau qui se puisse imaginer : au premier plan, les vapeurs où nous allons nous embarquer avec leur unique roue d'arrière, d'autres bateaux, des canonnières du gouvernement, des barques aux gracieuses voiles blanches ; la petite île de Philœ, irrégulière et verdoyante, si couverte de ruines, qu'elle semble n'exister que pour servir de piédestal aux

L'ÎLE DE PHILŒ, VUE DE CHELLAL.

temples. Par-dessus, les rochers tumultueux de la grande île de Bigeh. Vers la pointe nord de Philœ, le Nil tourne brusquement et s'engage impétueusement dans un défilé entre des blocs de granit se polis et noircis par le courant. Deux de ces blocs ont la forme la plus singulière : ils semblent deux énormes tuyaux d'orgue arrondis par le bout et accolés l'un contre l'autre.

Tous les passagers du *Rameses* sont venus comme nous par le chemin de fer — la location du train entier ne coûte que 50 francs. Ceux qui ne s'embarquent pas pour Ouadi-Halfa visiteront l'île de Philœ et la cataracte avant de reprendre le chemin du Caire. Debout sur le pont supérieur du *Samneh* qui s'éloigne, nous échangeons des signaux avec des compagnons devenus des amis : ce sont des Stéphanois, M. Charvet, ancien maire de Saint-Étienne, M. Barlet, M. Gondre. Aussi longtemps qu'elle est en vue, nous demeurons les yeux fixés sur l'inoubliable petite île dont l'aspect change avec les mouvements de notre navire sans qu'elle perde rien de sa grâce. Peut-être même, vue ainsi en pointe, du milieu du fleuve, est-elle plus élégante et plus svelte.

Les deux bateaux de Cook se suivent à peu de distance : le nôtre, le *Samneh*, est en avant ; demain, ce sera le contraire. Le *Samneh* porte quatorze passagers : six Français, — la majorité ! — cinq Anglais et trois Allemands. L'*Amkeh* emmène encore deux autres Français. Nous avons déjà rencontré tous nos compagnons actuels, soit sur le *Bengal*, soit sur le *Rameses*; c'est fort heureux, car, si l'on ne se connaissait point, les relations ne seraient pas très agréables.

sur ces petits bateaux, où l'on demeure forcément du matin au soir en contact. Tartarin, bien qu'il ne fût pas inscrit, a bravé tous les obstacles pour être des nôtres. On irait jusqu'à Ouadi-Halfa et il n'en serait pas ! Pour qui le prend-on ? Il couchera plutôt dans la salle à manger. Et il y couche effectivement.

L'aspect du Nil a complètement changé : une étroite bordure de palmiers court de chaque côté, au-dessus des berges étrangement verdoyantes : immédiatement derrière, sans transition, se dresse la falaise, recouverte par endroits des sables impalpables que le vent apporte du Grand-Désert. A chaque instant apparaissent sur les rives, des enfants nus ou vêtus seulement de pagnes étroits. Tout, nature et habitants, est d'aspect sauvage et l'on pourrait se croire sur l'un de ces fleuves de l'Afrique centrale que nous dépeignent les explorateurs, si les poteaux des fils télégraphiques espacés à droite et à gauche ne rappelaient que nous sommes encore dans la zone civilisée. De temps à autre, toujours à notre droite, surgissent sur les hauteurs, des restes de temples qui sont presque tous de l'époque des Ptolémée. Notre petit bateau est merveilleusement disposé pour la vue : le premier pont, réservé aux machines et au

personnel, dépasse tout juste le niveau de l'eau ;
au premier étage sont nos cabines et, sur l'arrière, la salle à manger. Le toit qui recouvre le
tout forme une terrasse protégée contre les
ardeurs du soleil par des toiles mobiles. C'est là
que nous demeurons durant les heures de navigation, installés dans des sièges confortables,
armés de nos livres et de nos longues-vues.

Quelque temps après avoir dépassé la gracieuse silhouette du petit temple de Kerdasch,
nous atteignons les rapides de Kalabcheh, qui sont
situés directement sous le tropique ; le fleuve
est semé, là encore, de blocs de granit rose
au milieu desquels le bateau est obligé d'évoluer
contre un courant rapide. Sur les amas de rochers
qui dominent les rives, des huttes indigènes sont
posées dans un désordre pittoresque ; c'est assurément là l'un des plus beaux sites du voyage.

La nuit venue, après un coucher de soleil
féerique, le *Samneh* accoste au rivage dont son
fond plat et la couche de limon rendent les abords
faciles ; des piquets sont enfoncés, des amarres
enroulées et l'on part aussitôt avec des lanternes pour aller voir, à deux cents pas de
là, les ruines du temple de Dindour. En route,
un coup de tête donné dans le fil télégraphique
nous rappelle fâcheusement cet avant-coureur

de la civilisation. Tout ce que j'ai vu du temple, c'est un vieux portique au travers duquel la lune, étincelante dans un ciel indigo, se reflétait sur le Nil en une longue traînée d'argent. Le fleuve, en se retirant, laisse à découvert sur les rives, des couches de limon immédiatement durcies, qui forment une promenade naturelle entre l'eau et les talus verdoyants. Je n'oublierai jamais les heures passées dans ce cadre magnifique : au milieu du silence majestueux qui nous environnait, troublé seulement par le grincement singulier des sakiéh qui berçait notre rêverie, dans la tiède atmosphère tempérée par les fraîcheurs du fleuve, la lune épandant autour de nous ses clartés, tandis que là-bas les lanternes des vapeurs semblaient les yeux énormes, flamboyants, de deux bêtes monstrueuses accroupies sur la rive... Jamais je ne me suis senti plus éloigné des tracas et des luttes de l'Occident... Nous passâmes ainsi trois soirées successives, et toujours venait trop tôt, à notre gré, le moment de remonter sur notre bateau...

Le lendemain, le paysage a encore changé : depuis Kalabcheh, les granits ont fait place aux grès, les montagnes se sont écartées ; toutefois, le sol n'est pas devenu plus fertile : le sable ténu, étend sur la plaine son manteau destructeur.

Poussé par les vents du désert, il assaille et prend d'assaut la chaîne libyque et déborde sur l'autre versant, en formant des coulées d'un rouge-jaune éclatant, toutes pareilles aux névés neigeuses des montagnes septentrionales. De là, il étend jusqu'au fleuve sa nappe funeste, recouvrant peu à peu les arbustes et les verdures qui s'acharnent à lutter contre lui. Sournoisement, il les ensevelit ou les tourne et les dépasse et vient se déverser dans le Nil qui l'emporte pour — étrange contraste — en faire un des éléments de son fertile limon !

A Ouadi-Seboua — village des Lions — un temple était précédé d'une avenue de sphinx dont les restes, plusieurs fois déblayés, sont encore envahis par le sable ; pour l'atteindre, on enfonce par-dessus la cheville ; des plantes minuscules résistent désespérément au fléau ; des insectes se promènent encore entre leurs brins, incarnant la vie...

Trois jours après notre départ de Chellal, nous arrivons de bonne heure à Korosko, où se trouve un fort détachement de troupes soudanaises, commandées par des officiers anglais. Ces contingents — 800 fantassins, 400 artilleurs, 80 pièces — — les femmes et les enfants des soldats, les services auxiliaires, forment le plus clair de la population. Sans eux, Korosko ne serait probablement qu'un village nubien de médiocre importance. Nous quittons le bateau pour faire l'ascension d'une montagne (Awas-el-Guarany) au sommet de laquelle est installé une sorte de blockhaus sommaire qu'une douzaine d'hommes occupent en permanence. On nous montre, tout au pied, le chemin des caravanes par où partit Gordon pacha, pour se rendre à Khartoum. Ceci évoque dans notre esprit les souvenirs récents du mahdisme : n'y a t-il plus que des souvenirs? Je tâcherai de le savoir.

Du haut de la montagne de Korosko, la vue sur le Nil nous offre un spectacle que nous avons déjà maintes fois contemplé ; mais, de l'autre côté, nos yeux se fixent avec émotion sur une scène d'affreuse tristesse : aussi loin que le regard peut s'étendre à l'horizon, ce ne sont que montagnes pareilles à la nôtre, noirâtres, irrémédiablement désolées. C'est l'image même du chaos et de la stérilité. Il semble, et c'est peut-être la véritable explication scientifique, que tous ces sommets, de niveau presque égal, soient demeurés comme les témoins d'une lente et séculaire désagrégation : les particules calcaires, roulées, frottées contre des matières plus dures, emportées par les vents, vont en poussière

vers le Nil, tandis que les filons de composés de
fer et de manganèse, plus résistants, demeurent
à l'état de cailloux à la surface des montagnes
désagrégées et leur donnent cet aspect noirâtre
sur lequel les coulées de sable rouge-jaune
tranchent çà et là si étrangement.

Les sons d'une musique alerte montent jusqu'à
nous : ce sont les troupes soudanaises qui ma-
nœuvrent là-bas, près de leurs campements, en
soulevant des flots de poussière. Du point élevé
où nous sommes, nous discernons fort bien leurs
mouvements qui ne semblent manquer ni de
méthode ni de correction ; les formations en
colonne sont bonnes ; c'est à peine s'il y a
quelque flottement dans les conversions.

Revenus au rivage, nous trouvons tout le
bateau en émoi ; nous allons traverser la région
où l'on voit, parait-il, quelquefois encore des crocodiles. Cet animal, jadis si commun dans toute
l'Égypte, ne se rencontre plus jamais au-dessous
de la première cataracte et rarement entre la
première et la seconde. Le commissaire du
bateau nous déclare qu'il n'en a aperçu que deux,
au cours de ses quatorze derniers voyages. Les
passagers, armés de leurs lorgnettes, inspectent
attentivement les bancs de sable ; des ombres de
talus, brutales, nous donnent des émotions. Un

fort backchich est promis à celui des hommes d'équipage qui, le premier, découvrira un crocodile.

Nous dépassons Derr, — encore un temple — Ibrim, où les ruines romaines étrangement découpées festonnent le sommet d'une haute falaise abrupte dont le pied baigne dans le Nil.

Et c'est quelques instants après qu'un des pilotes dont les yeux exercés valent mieux que nos lorgnettes, signale un crocodile sur un banc de sable. Le bateau stoppe au milieu du courant et toutes les jumelles sont braquées. N'est-ce point encore l'ombre portée d'un banc de sable? Mais non, les deux vapeurs ont fait marcher leurs sirènes et l'animal étonné relève la tête; il ne se dérange point d'ailleurs et bientôt, le courant nous portant vers lui, nous le voyons parfaitement. Il doit avoir au moins quatre mètres de long. Le manque d'eau nous empêchant d'approcher davantage, les sirènes recommencent à siffler. Peine utile. Le crocodile ne bouge pas et, en fin de compte, nous sommes obligés de reprendre notre route sans l'avoir fait partir. Le pilote du *Samneh* a bien gagné son backchich.

— *It is Cook's crocodile* (c'est le crocodile de Cook), dit un mauvais plaisant.

X

La « bataille de Toski ».

Nous vivons maintenant au milieu des souvenirs récents de l'agitation mahdiste. Nous venons de dépasser Toski en face de qui s'est passé le dernier épisode de l'épopée, du moins en ce qu'elle a pu avoir de menaçant pour la Haute-Égypte. Voici ce que raconte à ce sujet M. Alfred Milner, ancien sous-secrétaire d'État pour les finances en Égypte, dans un livre intitulé *England in Egypt*.

« A la fin de 1886, les Derviches occupèrent pour la première fois Sarras, point fortifié au centre du Batn el Hagar, à environ trente milles au sud de Wadi-Halfa. De ce point ils harcelèrent la garnison de cette dernière place et dévastèrent les environs, coupant les palmiers qui sont à peu près la seule richesse du pays. Le 27 avril 1886, la garnison de Wadi-Halfa, commandée par le colonel Chermside, les surprit et leur infligea une sanglante défaite. C'était la première victoire remportée par les troupes

égyptiennes, sans l'aide de troupes européennes.
Les Derviches se retirèrent une fois de plus,
mais pour revenir bientôt en plus grand nombre.
Vers la fin de septembre, ils s'établirent en permanence à Sarras. A partir de ce moment ils
poussèrent une série de pointes entre Wadi-Halfa
et Assouan, semant la terreur et faisant le vide
dans les villages. Les troupes égyptiennes s'efforçaient de les contenir soit au moyen de postes
établis le long du fleuve, soit à l'aide des canonnières; mais il était très difficile d'atteindre
leurs colonnes mobiles. Plusieurs engagements
eurent lieu, tels que la prise et la reprise du
fort de Khor Mussa le 29 août 1888. Mais si la
défense fut presque toujours victorieuse, spécialement après la création de la province militaire
de la frontière, placée sous le commandement du
colonel Woodhouse, il ne se produisit pourtant
pas d'action décisive.

« Durant l'été de 1889, le chef des Derviches
de la région, Wad-el-Nejumi, poussé par les
reproches jaloux de son maître, l'émir Abdullahi
entreprit la pointe en Égypte à laquelle il son-
geait depuis longtemps, mais pour laquelle il
n'avait jamais pu réunir des forces suffisantes.
C'était vraiment une entreprise désespérée : conduire une armée de cinq mille combattants, sui-

vis de deux fois autant de femmes et d'enfants, avec des provisions et des moyens de transports insuffisants, durant plus de cent milles à travers un désert sans eau, c'était une aventure qui ne pouvait réussir, étant donné les forces défensives dont disposait alors l'Égypte. Cependant, tel était l'ascendant de Wad-el-Nejumi, que tous ses soldats le suivirent avec enthousiasme.

« Wad-el-Nejumi était la plus héroïque figure parmi les chefs soudanais. C'était le Gordon du Mahdisme. C'était lui qui avait défait Hicks et qui avait mené l'attaque finale contre Khartoum. C'était lui qui, aux yeux de tous les croyants, était destiné à planter l'étendard du vrai Mahdi sur la citadelle du Caire. Nul doute que cela fût advenu s'il n'avait eu devant lui que l'ancienne armée égyptienne.

« Le plan de Nejumi était de tourner Wadi-Halfa en partant d'un point situé sur la rive occidentale du Nil et d'atteindre, à travers le désert de Bimban, un autre point, à vingt-cinq milles au nord d'Assouan. Il pensait qu'un grand nombre d'Égyptiens rebelles se joindraient à sa troupe. Il n'avait pas l'intention d'offrir la bataille, mais de se tenir au contraire à une certaine distance du fleuve. Il espérait cependant pouvoir trouver des provisions et surtout de l'eau dans les villages riverains. Mais cet espoir fut déçu. Une colonne volante, composée de la moitié de la garnison de Wadi-Halfa, commandée par le colonel Woodhouse, observait sa marche et coupait les communications avec le fleuve. Un fort détachement de l'armée de Wad-el-Nejumi, désobéissant à ses ordres, fit une tentative pour gagner le Nil ; ils furent, après une journée d'escarmouches, repoussés par les troupes du colonel Woodhouse.

« Nejumi continuait résolument à aller de l'avant, malgré la diminution de ses effectifs, par suite de morts ou de désertions et l'obligation de tuer les animaux de transport pour nourrir les soldats qui lui restaient. Et la majorité des Derviches le suivaient sans fléchir. Mais le général Grenfell accourait maintenant du nord avec de puissants renforts, donnant la main au colonel Woodhouse ; il se plaça à Toski sur le chemin de Nejumi et le força à livrer bataille.

« Les Derviches se ruèrent à l'attaque avec leur bravoure habituelle. Mais ils furent écrasés. Nejumi lui-même, presque tous ses principaux capitaines et près de la moitié de ses hommes furent tués. Le reste fut dispersé dans tous les sens ; beaucoup moururent dans le désert, en cherchant à regagner leur pays.

« La victoire de Toski a eu des conséquences considérables. Depuis deux ans, la région comprise entre Wadi-Halfa et Assouan ne jouissait d'aucune sécurité. On ne savait jamais où et quand un corps de maraudeurs arabes pouvait atteindre le fleuve. Les habitants vivaient dans la terreur. Les garnisons étaient constamment en alerte. Maintenant tout ce pays est aussi tranquille que la Basse-Égypte. De nombreux touristes viennent chaque hiver à Wadi-Halfa et M. Cook les y conduit avec la plus grande tranquillité d'esprit. Un Derviche dans ces parages est devenu aussi rare qu'un crocodile. Un avant-poste égyptien occupe Sarras et les patrouilles vont beaucoup au delà sans apercevoir un seul ennemi. »

Je crois bien que le raid de Nejumi n'était pas aussi redoutable que le dépeint ce récit et que la victoire des officiers anglais fut en somme assez facile. Mais ce que dit l'auteur, qui ne saurait être suspect, de la sécurité actuelle dans cette région mérite d'être retenu. Si des troupes égyptiennes commandées par quelques officiers anglais ont suffi, il y a quatre ans, à obtenir ces résultats, on ne s'explique pas aisément pourquoi lord Cromer a éprouvé le besoin de mander récemment des renforts, qui d'ailleurs sont demeurés comme les troupes anglaises qui les avaient précédés, au Caire et à Alexandrie.

En face de Toski, à quelques pas du fleuve, on aperçoit la tombe de Wad-el-Nejumi. A la suite des combats, beaucoup de Derviches isolés succombèrent à leurs blessures ou périrent de soif dans le désert, où l'on retrouve depuis lors des harnachements et des armes, que les Nubiens vendent aux étrangers.

Chaque accostage du bateau est l'occasion de scènes amusantes, tout à fait semblables à celles que nous dépeignent les explorateurs en pays noirs : des bandes d'hommes, de femmes, d'enfants, demi-nus ou vêtus des oripeaux les plus bizarres, s'approchent, les uns par simple curiosité, les autres, dans un but de négoce : tout est, pour ces derniers, matières à commerce : colliers de coquillages, pagnes, œufs de pigeons, lézards empaillés, cailloux, lapins, animaux de toute espèce. Au premier rang, à Séboua, se tenait un marmot entièrement nu, serrant sur son ventre un poulet aussi gros que lui. C'était l'adaptation exotique d'un sujet qui a été beaucoup reproduit par la chromo-lithographie. Lorsque le bateau part, les passagers jettent des pièces de menue monnaie et ce sont des mêlées comiques, où tous les indigènes se précipitent pour attraper le backchich, se bousculant, se poussant, tombant parfois par grappes dans la rivière, mais toujours en riant aux éclats d'un rire qui découvre leurs dents blanches de jeunes sauvages.

XI

Les temples d'Abou-Simbel. — Ouadi-Halfa. — Une conversation avec le major Palmer.

La lune, éclatante dans un ciel sans nuages, épand sur le fleuve ses douces clartés : les eaux du Nil, à peine ridées par le courant, semblent une coulée d'argent, fuyante entre les chaînes de montagnes. Renversés dans nos fauteuils, sur la plate-forme du bateau, nous attendons l'accostage, plus tardif que d'ordinaire : le *Samneh* qui allait d'un bord à l'autre, suivant les sinuosités du courant, pointe tout à coup directement sur la rive occidentale, comme s'il voulait se briser contre la falaise qui tombe presque à pic dans le fleuve. Nos regards surpris se fixent sur certaines lignes décoratives, tracées à vif sur le rocher et qui, peu à peu, dessinent des personnages colossaux. A mesure que nous approchons, ils semblent, sous la clarté vive de la lune qui les éclaire d'aplomb, acquérir un relief saisissant et comme une sorte de vie.

C'est le petit temple d'Abou-Simbel, nous dit le commissaire du bord.

Nous avions certes entendu parler des temples d'Abou-Simbel — ou Ipsamboul — mais nous ne nous attendions pas à leur voir cette architecture si différente de celle des autres monuments, et nous étions aussi surpris par cette arrivée un peu brusque, face à face avec les colosses auxquels les rayons lunaires donnaient un si étrange aspect. Tandis que nous les regardions avec une sorte de stupeur, le bateau, continuant de longer doucement le rivage, les dépassait et bientôt surgissaient devant nous, incomparablement plus imposants, les quatre Ramsès assis de la façade du Grand Temple. Il est difficile de rendre avec des mots la majesté d'un pareil spectacle : devant ces géants plus vieux que notre ère, qui semblaient volontairement impassibles et silencieux dans la clarté respectueuse d'Isis, nous sentions un sentiment d'humilité envahir nos âmes...

Aussitôt les bateaux amarrés, des Nubiens, munis de torches, éclairent l'étroit sentier en rampe qui conduit aux temples, creusés tous les deux dans le roc de la montagne. Nous visitons d'abord le grand : la première salle, de vastes proportions, est ornée d'énormes colonnes contre lesquelles sont dressés, les unes en face des autres, de gigantesques statues formant cariatides. La dernière à droite a conservé un profil d'une

pureté remarquable. Les murs de la salle sont ornés d'images gravées qui remémorent les hauts faits de Ramsès II. Après avoir traversé une seconde salle, on pénètre dans un réduit où se trouvent encore assis quatre personnages de pierre, quatre dieux un peu plus grands que la taille humaine. Ni le bavardage stupide du drogman, ni les exclamations parfois sangrenues des touristes ne parviennent à détruire l'impression que produisent ces quatre personnages immobiles au fond des ombres du temple...

Longtemps, tandis que les derniers passagers étaient rentrés à bord des bateaux, et que le silence absolu régnait sur le fleuve, je suis demeuré assis sur une pierre devant les quatre Titans de l'entrée. Par moments, j'étais obligé de remuer pour changer le cours de mes pensées et pour échapper à l'obsédante hallucination : je ne songeais plus seulement aux demi-dieux qui ont conçu de pareilles entreprises, aux milliers de misérables ouvriers qui les ont exécutées, sans laisser sur la terre aucun autre souvenir de leur existence, il me semblait que sous les blancs rayons de la lune, les colosses allaient se lever, étirer leurs membres raidis et, d'un geste nonchalant, broyer les infimes créatures qui viennent troubler leur sereine et solennelle immobilité...

Nous ne fûmes pas de ceux qui, aux premières heures du matin, montèrent sur le pont du *Samneh*, pour y découvrir l'étoile du Sud, visible depuis que nous avions dépassé le tropique du Cancer. Mais, un peu plus tard, nous gravissions le névé de sable qui se déverse sur la gauche du Grand Temple et qui, jadis, l'avait envahi, masquant l'entrée et le piédestal des colosses. C'est encore une impression singulière que cette ascension sur la coulée de sable jaune rouge où les pieds enfoncent profondément, tandis que près de nous, des enfants nubiens se laissent glisser du haut en bas comme de petits montagnards sur les pentes de neige. Au lever du soleil, qui ne fut point extraordinaire, un reflet éclatant baigna tout à coup la façade du temple et la coulée de sable, tandis que l'autre rive, demeurée dans la pénombre, se dressait ainsi qu'une haute falaise noire ; au sud et au nord, des nuages violacés réfléchissaient leur image encore accrue d'intensité, sur le miroir verdâtre du Nil, qu'aucune ride ne plissait : plus haut dans le ciel, roulaient de légers nuages pareils à des perles d'or, qui d'abord éblouissants, se volatilisaient peu à peu. Autour de nous, les Nubiens accroupis sur le sable nous contemplaient silencieusement : nous étions leur spectacle.

Un peu avant sept heures, nous redescendîmes
au Grand Temple : les rayons du soleil, lancés

INTÉRIEUR DU GRAND TEMPLE D'ABOU-SIMBEL.

comme des flèches d'or par-dessus les hauteurs
de la rive orientale, enfilant la porte d'entrée,
emplissaient de lumière les vastes salles où,
quelques instants plus tard, on n'aurait pu péné-

trer qu'avec des torches. Nous étions seuls.
Bientôt, dans le silence absolu, nous nous
retrouvions face à face avec les quatre personnages du fond. La lueur solaire les inondait,
leur communiquait une sorte de vie et alors je
compris l'esprit du temple. S'il a été ainsi
orienté exactement au levant, c'est pour que ces
dieux eussent chaque matin les prémices du
soleil, avant de se replonger dans leur majestueuse et redoutable obscurité. A l'horizon l'astre
montait rapidement et, par instants, sous les
jeux de la lumière, il semblait que les singuliers visages de ces divinités, se fronçaient en d'ironiques
sourires à voir des voyageurs de M. Cook — eux
qui contemplèrent souvent la face auguste des
Pharaons et les splendeurs de leurs cortèges.
Déjà sans doute les hommes pensaient connaître
le dernier mot de la civilisation et rêvaient
l'éternité de leur race !

... Si l'on demeurait trop longtemps face à
face avec ces statues, ce serait à devenir fou,
tant elles contiennent de mystère, d'ironie et
suscitent de décourageantes pensées... Enfin, à
regret, nous quittons le temple. Tandis que
nous gagnons le large, nous apercevons encore
çà et là des ouvertures taillées dans le flanc de la
montagne; au-dessus des Ramsès assis, des

rochers branlants sont suspendus. Ne serait-il pas prudent de les enlever ou de les consolider, afin que leur chute ne vienne point briser les Ramsès, comme cela est arrivé à l'un d'eux.

Un peu au-dessus d'Abou-Simbel, la vallée du Nil s'élargit : on n'aperçoit plus que dans le lointain les cônes inégaux des montagnes qui s'effrittent. La navigation devient plus malaisée : les bancs de sable se déplacent avec une mobilité extrème; les pilotes des bateaux, accroupis à l'avant, cherchent à suivre la direction changeante du courant; à chaque instant, les aubes raclent le fond, il faut stopper, redescendre un peu et chercher une autre voie. On interroge les rares bateliers indigènes rencontrés dans des barques. D'une semaine à l'autre le courant passe quelquefois de la rive gauche à la rive droite.

Les palmiers réapparaissent en bordure de chaque côté du Nil et deviennent de plus en plus touffus, malgré les rudes assauts que leur livre le sable du désert, qui déborde entre leurs troncs et coule au fleuve par-dessus les fèves des talus. Il semble qu'ici la lutte contre le tenace envahisseur ait été jadis plus ardente : des ruines, des restes de cultures sont encore visibles; mais tout a été abandonné; c'est à peine si les pointes de végétaux roussis témoignent qu'il existait de la verdure et, dans les maisons, le sable accumulé semble grimper contre les murailles. Je ne sais quel phénomène pourrait mieux personnifier la destruction lente, continue, implacable...

Une blanche tourelle se détache à notre gauche, sur le ciel : c'est le minaret de la mosquée de Tewfikieh, le nouveau village de Ouadi-Halfa. Je ne m'étais pas imaginé cette région déjà célèbre, sous cet aspect : imaginez, de part et d'autre du fleuve, dont le lit s'est considérablement élargi, une vaste plaine aride. Sur la rive gauche, là-bas, des casernements entourés d'une sorte d'enceinte fortifiée sommaire, bordent le Nil ; à peine çà et là quelques arbres rabougris.

Sur la rive droite, nous dépassons d'abord le village proprement dit, récemment baptisé Tewfikieh, du nom du précédent khédive. Puis, au delà d'un espace de terrains cultivés, le village nègre, habité par les femmes et les enfants des soldats soudanais. Enfin, derrière un couronnement fortifié, d'immenses installations militaires : casernes, écuries, parcs d'artillerie, etc. Le fleuve est bordé par les bungalows des officiers, sorte de maisonnettes souvent enfouies sous la pourpre des bougainvillas en fleurs, précédées de minuscules jardinets bien entretenus, le luxe et la joie de ce triste séjour. La berge descend vers le fleuve en pente douce, animée, grouillante de la multitude de soldats noirs qui se baignent ou qui lavent leur linge dans le Nil. C'est un spectacle plein de vie et de couleur.

Pour la première fois depuis que nous sommes en Égypte, il fait une chaleur terrible, le soleil dardant ses rayons dans un ciel sans nuages. Aussi la plupart de nos compagnons attendent-ils les heures du soir pour quitter le bateau; mais les courts instants que nous devons passer à Ouadi-Halfa nous semblent si précieux que nous tenons à les employer.

Je m'étais muni d'une lettre de recommandation pour le commandant anglais de Ouadi-Halfa, Lloyd pacha, à qui je comptais demander certains renseignements. Malheureusement, cet officier était assez gravement malade. Je fus reçu — poliment — par le major Palmer qui le remplaçait, dans l'installation hâtive de son bungalow. Voici quelle fut notre conversation, telle que je la relatai séance tenante, en faisant écrire par le major Palmer, au milieu de mes notes, les noms dont l'orthographe paraissait difficile à saisir :

« Connaissez-vous l'organisation actuelle des mahdistes?

— Oui. A la mort du Mahdi, Mohammed-Ahmed, ses trois califes devaient lui succéder : Abdullahi, Ali Chérif et Ali Hélu. Il leur fallait aussi compter avec Osman-Digma, le lieutenant du maître. En fait, c'est Addullahi qui s'est emparé du pouvoir effectif. Ses deux rivaux résident comme lui à Khartoum, mais ils y sont sans autorité. Abdullahi s'appuie sur la tribu des Baggaras, à laquelle, pourtant, le Mahdi n'appartenait pas ; il était, ainsi que Ouad-el-Nejumi, des Jaalin de Dongola. Cette prédominance des Baggaras excite naturellement des jalousies dans les autres tribus, mais Abdullahi a trouvé un moyen assez simple de se débarrasser de ses turbulents adversaires : il les envoie dans toutes les affaires dangereuses. C'est ainsi qu'il força, par ses reproches, Ouad-el-Nejumi à abandonner ses positions de Dongola et à entreprendre cette expédition de Toski où il devait trouver la mort. Osman Digma est, par la même tactique, immobilisé devant Souakim.

— Il me semble que, dans de telles circonstances, les mahdistes sont tout à fait incapables de prendre l'offensive et que, même, leur situation chez eux ne doit pas être très solide ?

— Assurément. Cependant, lors du récent voyage du Khédive à Ouadi-Halfa, les Derviches s'étaient imaginés que nous allions attaquer Dongola. Ils y réunirent aussitôt 4000 hommes pour le défendre.

— Comment êtes-vous informé de ces mouvements de l'ennemi?

— Par des espions. Nous avons aussi un service d'éclaireurs irréguliers fait par nos *Chekiehs*, qui sont des sortes de bachi-bouzouks à chameau. Ce sont eux qui vous escorteront demain à la cataracte.

— Connaissez-vous l'organisation militaire des Derviches?

— Parfaitement. Ils ont des groupements d'une centaine d'hommes chacun, environ, réunis autour du drapeau d'un *émir*. Abdullahi est l'*émir des émirs*. Chaque émir est secondé par trois ou quatre lieutenants, sortes de sous-officiers.

— Quels sont les avant-postes mahdistes?

— Yunis commande à Dongola, devant nous, Zekki-Osmer est à Berber, Osman Asreck dirige la cavalerie. Osman Digma, comme je vous le disais tout à l'heure, occupe la région de Souakim.

— Et vous, quelles sont vos positions sur le Nil?

— Nous avons en tout environ 5000 hommes

sur la frontière, dont 1000 en arrière, à Assouan. Il existe un détachement d'artillerie à Assouan et un autre à Korosko. Nous avons ici deux batteries, l'une de campagne, avec chameaux et mulets de trait, l'autre de forteresse, pour la défense du camp retranché. Nous avons en outre à notre disposition quatre canonnières qui circulent sur le fleuve entre les deux cataractes.

— N'en avez-vous plus au-dessus de la seconde?

— Non.

— Et les Derviches?

— Ils se sont emparés jadis à Khartoum de quatre bateaux du gouvernement égyptien. Il paraît qu'il y en a deux qui marchent encore, tant bien que mal.

— Ouadi-Halfa est-il votre poste le plus avancé sur le Nil?

-- Non, c'est Sarras, qui est situé à 35 milles d'ici et à qui nous sommes reliés par le chemin de fer. C'est aussi un camp retranché. Deux petits postes, Gemai et Khor Moussa, jalonnent la route.

— En somme, vous ne redoutez aucune attaque des Derviches, et ceux-ci ne seraient certainement pas en état de vous inquiéter sérieusement?

— Certainement.

— Ne pourraient-ils pas, pourtant, vous tourner en passant par le désert et pénétrer plus au nord dans la vallée du Nil?

— Non. C'est ce qu'a tenté Ouad-el-Nejumi et il n'a pas réussi. Comme il n'y a pas d'eau dans le désert, il faut revenir au fleuve. D'ailleurs, nous serions prévenus de tout mouvement des Derviches vers le nord.

— Et puis, la meilleure garantie est encore l'état de discorde et de décomposition de l'ancien empire du Mahdi?

— Oui, ses successeurs se neutralisent les uns les autres et sont incapables d'agir.

— Ne croyez-vous même pas qu'il serait possible d'enlever Dongola?

— Cela ne serait pas très difficile (1).

— A quoi attribuez-vous donc les victoires si extraordinaires des hordes mahdistes sur les bataillons égyptiens de Baker-pacha et de Hicks-pacha?

— Ils n'étaient pas organisés. On avait ramassé

(1) On l'a bien vu par la récente occupation de Kassala. Il est très certain que l'armée égyptienne serait depuis longtemps à Dongola et à Khartoum, si les officiers anglais l'avaient voulu ou en avaient reçu l'ordre de leur chef. Mais ce n'est point avec des troupes égyptiennes que l'Angleterre préfère occuper le Soudan.

à la hâte des bandes sans consistance entre les mains desquelles le meilleur armement perdait toute valeur et sur lesquelles les chefs les plus distingués ne pouvaient avoir aucune action. Ces bandes étaient en somme aussi peu organisées que leurs adversaires dont elles n'avaient ni l'ardent fanatisme ni la résolution. Il n'y avait plus, à ce moment, d'armée égyptienne. Depuis, nous l'avons reconstituée.

— Quelles sont vos meilleures troupes? Les Egyptiens ou les Soudanais?

— Ce sont assurément les Soudanais.

— Combien êtes-vous ici d'officiers anglais?

— Seulement vingt.

— Quelle est votre organisation militaire?

— Le bataillon est l'unité, comme en Angleterre, mais il comporte seulement 6 compagnies au lieu de 8. »

XII

Devant la maison du général commandant, sur une place, s'élève un kiosque à musique entouré de jardinets bien entretenus; les parterres sont dessinés en creux, afin de recevoir l'eau fécondante. En suivant le bord du fleuve, nous apercevons les canonnières, semblables — sauf le blindage — à notre *Samneh*. De loin en loin, sur la rive, des plate-formes entourées de petits murs servent aux prières des soldats. Par instants, nous croisons des files d'hommes vêtus de jaune, que conduisent de grands nègres en bleu, l'arme au poing : ce sont des prisonniers en corvée. Presque tous sont des Égyptiens aux traits quasi-européens et cela produit une impression singulière, de les voir rudoyer par ces nègres à face lippue. Il apparaît très vite que les Soudanais sont l'élément sur lequel s'appuie le commandement anglais.

Arrivés au bout du camp, nous repoussons les offres des âniers qui, dans leur empressement, nous entourent d'un nuage de poussière, et nous continuons résolument, sous l'ardent soleil, notre marche vers Tewfikieh. Le village, entouré de murs, pour une défense éventuelle, est entièrement de construction nouvelle. Il se compose presque uniquement de deux longues rues : dans l'une, sont les boutiques, métiers, dans l'autre se tient une espèce de marché permanent. Les produits du marché, tous destinés aux noirs, sont curieux à observer.

Comme nous tournions dans la rue des artisans, nous apercevons au loin une silhouette blanche qui agite de grands bras : c'est Tartarin. Il nous crie quelque chose, que finalement, nous parvenons à comprendre :

« J'en ai trouvé ! J'en ai trouvé !

Il serre précieusement un paquet sous son bras. Qu'est ce que cela peut être : un objet antique, une arme curieuse ?

— Quoi donc ?

— Une bouteille de Martell, mon cher. Et du vrai ! »

La vaste plaine sableuse qui nous environne est très animée. A gauche errent d'immenses troupeaux de moutons et de chèvres. Que peuvent-ils bien trouver à paitre? Plus loin, des soldats s'exercent au tir et plus loin encore, d'autres conduisent des bandes de chameaux. Il n'y aura malheureusement, ni aujourd'hui ni demain de manœuvres de chameliers. C'est dommage, c'eût été un spectacle intéressant.

Le « village nègre » des Soudanais est amusant à visiter : c'est un immense carré régulier, divisé comme un damier. Chaque famille de soldat a sa case en terre durcie, où elle séjourne peu, du reste : femmes, enfants, chèvres, moutons, chats, chiens, tous vivent et mangent, le plus souvent à la même gamelle dans les ruelles étroites, rectilignes qui séparent les cases. Les tableaux de genre abondent : ici des femmes vêtues d'oripeaux multicolores, chantent et dansent en s'accompagnant d'une espèce de tarbouka ; là, un colosse noir en uniforme, balance sur ses genoux, avec un sourire épanoui, un petit moricaud — tout son portrait — qui rit à gorge déployée.

Nous passons par la grande porte du camp retranché et nous traversons la série des casernes et les immenses écuries qui peuvent abriter 500 chameaux. C'est au milieu d'une cour intérieure, que vient aboutir la voie ferrée qui relie Ouadi-Halfa à Sarras et qui est exclusivement réservée aux usages militaires. Sur les rails, gisent de vieux modèles de chaudières rouillées, démolies.

Peu à peu, le soleil s'est abaissé sur l'horizon, la chaleur diminue. Les casernes semblent s'animer d'une vie nouvelle : les sons de musiques militaires font vibrer les chambrées. Nous revenons vers le kiosque, où la musique soudanaise doit charmer les loisirs des promeneurs. Nous nous installons autour des tables d'un café, dans les jardinets et, tandis que circulent des rafraîchissements, les musiciens arrivent. Ce sont tous de bons nègres ; ils débutent par les airs pimpants que nous avons déjà entendus aux manœuvres ; puis, tout à coup, nous assistons à une scène d'un haut comique : au milieu d'un morceau, la musique s'arrête brusquement, la clarinette entonne un dialogue furibond avec le piston, appuyant ses paroles de gestes véhéments, de petits cris, de glapissements, d'indignations et de rires. Au bout d'un moment, la musique reprend, puis le dialogue recommence, et ainsi de suite. Ce qui est moins divertissant, c'est d'entendre ensuite écorcher une marseillaise de fantaisie, dont les couplets se terminent en polka nègre. On se sent ici le patriotisme un peu ombrageux. Néanmoins les bons nègres, soufflant en toute sincérité, on applaudit quand même.

Tandis que nous regagnons le bateau, le soleil se couche à l'horizon, embrasant le ciel d'une folie de couleurs. Les fines dentelures des arbres dessinent des festons noirs sur le fond changeant : rouges vifs qui se violacent et s'atténuent pour redevenir plus intenses ; verts fondus en tons spectraux ; puis des jaunes chaudrons crevant par endroits en coulées d'or pur éblouissantes, qui peu à peu retournent au jaune en passant rapidement par toute la gamme infinie des nuances transitoires. Tandis que le ciel donne aux yeux cette fête inoubliable, que les eaux silencieuses reflètent ces splendeurs, une douce tiédeur emplit l'atmosphère... Et brusquement une retraite endiablée retentit dans le camp : il semble que mille nègres soufflent à la fois dans des cuivres ; des clameurs s'élèvent, des lumières jaillissent dans l'ombre tombante. Ce tapage dure des quarts d'heure. Et de nouveau le silence plane sur ce coin perdu de l'Afrique...

Le lendemain, nous devions atteindre le point extrême de notre promenade, la seconde cataracte : Levés dès six heures nous nous embarquons sur deux bateaux qui, faute de vent, sont halés à la cordelle sur l'une et l'autre rive du fleuve ; les indigènes qui nous tirent, sont parfois obligés, pour contourner des bancs de sable, d'entrer dans l'eau jusqu'à la ceinture ; cela n'interrompt point, d'ailleurs, les litanies qu'ils chantent à plein gosier. Nous nous dirigeons vers un arbre que l'on aperçoit de loin, sur la rive gauche ; bientôt retentissent les mugissements des chameaux que les chekieh font agenouiller et qui protestent à leur manière de bêtes grognonnes. Il y a aussi des ânes, pour les touristes moins aventureux. Aussitôt débarqués, dix-sept de nos compagnons se précipitent vers les chameaux ; une minute après onze seulement demeuraient fermes sur leur bosse. Les autres lancés en avant ou rejetés en arrière par les terribles mouvements alternatifs que l'animal fait en se relevant, ou gisaient à terre désarçonnés, ou se raccrochaient lamentablement au cou des chameaux, ou encore, désillusionnés, se dirigeaient sagement vers le troupeau d'ânes. Mes anciennes expériences du sud-algérien m'avaient heureusement prémuni contre ces mésaventures. Mais on ne saurait trop recommander aux personnes qui font pour la première fois l'apprentissage du chameau, de se cramponner de toutes leurs forces à l'avant et à l'arrière de la selle ; c'est le seul moyen de résister aux secousses successives. Notre Tartarin fut du nombre des infortunés qui, après avoir servi de volant au chameau, se trouvèrent finalement cramponnés sur le cou de la bête rugissante, dans une posture contraire à toutes les règles de l'équilibre. Il aurait volontiers terminé là l'expérience ; malheureusement, deux chekiehs complaisants l'avaient empoigné et remis en selle. Et l'on était aussitôt parti au pas, malgré ses protestations. De sorte que j'avais devant moi ce spectacle : un chekieh noir, du plus beau type nègre, monté sur un chameau et tirant de chaque côté les licous de deux autres montures : l'une portant une vaillante jeune fille de dix-huit ans, Mlle Peill qui cheminait allègrement, et l'autre, l'infortuné Tartarin, gémissant :

« Faites attention ! Impossible de rester sur une bête pareille. La selle remue... je vous dis que la selle remue. Je veux descendre ! Oh là ! là ! Je vais tomber.

Et comme, autour de lui, les touristes s'esclaffaient :

— Vous trouvez ça *drolle !* Mais moi je ne le trouve pas drolle ? Je vous dis que je vais me faire du mal. Arrêtez, je vous dis, arrêtez ! »

Il était si comique que par devant, le bon nègre, tout en faisant la sourde oreille, riait à se décrocher la mâchoire : sa bouche lippue se fendait jusqu'aux oreilles et deux grosses larmes de joie lui roulaient sur les joues. Enfin, il se décida à descendre le malheureux Tartarin qui partit à la recherche d'un âne paisible. Nous prîmes le trot. Un digne Allemand, M. Pinckfoss était au premier rang :

« Ça va bien, lui demandai-je?

— Vous jugez que ça va bien, me répondit-il froidement, tandis que chaque foulée du chameau le faisait retomber comme un bloc sur la selle. Eh bien, moi, quand je serai arrivé, on me payerait cinq mille dollars, que je ne remonterais pas sur cette bête.

— Bah! Pourquoi, alors, ne descendez-vous pas?

— Non. J'irai jusqu'à Aboucir. Mais quand je serai descendu, si l'on m'offrait dix mille dollars, je ne remonterais pas sur cette bête. »

Pourtant, quand la selle est solidement attachée, la navigation sur le « vaisseau du désert » est commode et assez agréable.

Durant deux heures, nous allons ainsi à grande allure, à travers la plaine de sable où gisent çà et là de lamentables carcasses d'animaux : c'est l'extrème pointe de cet océan infertile qui s'étend à l'ouest jusqu'à l'Atlantique. Notre petit groupe, séparé de la caravane a un peu trop appuyé à gauche : le chekich observe à terre des traces de pas et tourne vers l'est ; bientôt nous percevons le grondement des eaux du Nil. Un énorme rocher abrupt domine l'horizon : c'est le roc d'Aboucir ; ses flancs, taillés en falaise tombent à pic dans le fleuve, mais du côté du désert, déjà fort élevé, l'escalade est assez commode et le sommet du rocher forme un admirable observatoire naturel.

Il n'y a pas plus de véritable cataracte ici qu'à Assouan, mais une immense étendue de rochers noirs entre lesquels cascadent les eaux torrentueuses du Nil, infiniment divisées. Cela s'étend à perte de vue ; il est évident que même par les hautes eaux la navigation est et demeurera ici toujours impossible. Des indigènes au corps bronzé viennent nous offrir, pour quelques sous, de se laisser emporter en bas, par le courant...

Des montagnes estompées par l'éloignement barrent l'horizon ; c'est à leur pied, nous dit-on, que se trouve Dongola. Jadis nous aurions pu continuer de remonter le fleuve : maintenant, la Barbarie, momentanément triomphante, s'est établie sur ses rives. Pour combien de temps encore ? Les souvenirs de la récente épopée de Gordon emplissent le cœur d'une émotion douloureuse...

Nous retournons à nos montures. Je retrouve M. Pinckfoss confortablement installé sur le dos d'un âne.

« Pour dix mille dollars, dit-il en passant près de moi, je ne remonterais pas sur cette bête ! »

XIII

Le chemin du retour. — Au-dessus d'Abou-Simbel. — Kalabcheh. — Philœ. — Assouan, Louqsor.

Nous voici sur le chemin du retour : Ouadi-Halfa nous laisse peu de regrets. Puisqu'il est impossible de pousser plus loin, mieux vaut passer encore une soirée à Abou-Simbel, cette gloire du Haut-Nil. Nos bateaux, descendant le courant, marchent à grande allure; je me couvre de gloire, en signalant, sur un banc de sable, un second crocodile; cette fois, l'animal moins apathique, effrayé par le bruit des sirènes, se laisse couler dans le fleuve.

Aussitôt que le *Samneh* est amarré sur la rive d'Abou-Simbel, nous grimpons par le névé de sable pour atteindre le sommet de la montagne dans laquelle le Grand Temple a été creusé. Quel triste spectacle : ce ne sont, à l'ouest, que plateaux affreusement arides, couverts de pierres noirâtres sur lesquelles glisse opiniâtrement, pour gagner le fleuve, la marée sournoise des sables désertiques. De l'autre côté du Nil s'étend à perte de vue, le chaos des montagnes effritées. Il faut revenir s'asseoir au-dessus du Temple, pour retrouver avec la vue du fleuve et de ses berges verdoyantes, un spectacle moins désolé.

Le soir, nous retournâmes aux Temples avec des flambeaux : c'est toujours intéressant ; mais pour comprendre Abou-Simbel, il faut y avoir médité dans la solitude et le silence, à l'heure où les premiers rayons du soleil viennent saluer les dieux à face de bêtes.

A gauche de l'entrée du Grand Temple a été creusée la tombe d'un officier anglais. Une plaque de marbre encartée dans le roc porte l'inscription suivante :

MEMORIAL TABLET ON ROCKS OVERHANGING ABU-SIMBEL.

This tablet is placed here in commemoration of the battle of Toski which took place on 3rd August 1889, when the Sudan rebel army under the command of Abderrahaman Wad El Nejumi send to invade Egypt was completely defeated and their leader slain by the Egyptian troops army under the command of Grenfell pacha Sirdar.

Le retour n'est plus marqué que par deux arrêts : le premier à Korosko, le second à Kalab-cheh, dont les deux temples, situés à quelques centaines de mètres du village, méritent d'être visités. Nous n'avons vu nulle part de plus

fraîches couleurs que celles qui se sont conservées
sur les murailles du Grand Temple de Kalabcheh.
Dans l'après-midi du 23 février nous nous re-

trouvons devant Philœ. Toute la matinée du
lendemain est consacrée à visiter les monuments
dont l'île est couverte : le temple de Nectanébo,
le Grand Temple, le kiosque de Tibère. L'île de
hilœ est, au point de vue archéologique une
merveille unique; elle est aussi une merveille de
grâce décorative et, de quelque côté qu'on la
regarde du dehors, elle forme l'un des plus ravissants tableaux naturels que la nature ait com
posés. Il faut ardemment souhaiter que les Bar-

bares qui ont projeté la destruction de l'île de Philœ sous prétexte de construire des barrages qu'on pourrait parfaitement édifier ailleurs, ne parviennent point à consommer leur œuvre de Vandales....

Nous entrons dans une petite barque, pour nous rendre à la cataracte. Le Nil resserré, coule furieusement entre les barrières de rochers. Nous laissons à droite l'île de Bigeh, chaos de blocs, entre lesquels se distinguent encore des ruines, puis à droite, l'îlot d'où jaillissent les deux tuyaux d'orgue de pierre. De quelque côté qu'on tourne les yeux, on aperçoit, pareils aux débris d'un gigantesque cataclysme, les amoncellements de blocs granitiques, si durs que, depuis des siècles, le courant les frôle sans les entamer. Et toujours, même dans les coins les plus arides, des palmiers élancés jaillissent, inclinent sur les pierres, la grâce de leurs palmes dentelées. Le tournant du fleuve est si brusque qu'il semble un moment qu'on soit dans un lac sans issue : mais tout à coup, le Nil s'échappe à droite ; on aperçoit un petit port et un village rempli d'indigènes, de chameaux, d'ânes, l'horizon s'élargit, les rapides commencent : la barque file comme une flèche sur les eaux, qui se précipitent, tantôt mugissantes, irrésistibles, tantôt formant ces plaques

CHELLAL, VUE DE L'EST DE BICRH.

huileuses, qui sous leurs cercles trompeurs, dissimulent les récifs. Il n'y a pas plus de chute ici qu'à la seconde cataracte, mais un courant terrible et de formidables remous. Un nègre, à cheval sur une pièce de bois, se meut avec aisance en pagayant des deux mains : il nous demande l'inévitable backchich pour traverser la cataracte. Au même moment, un solide coup de barre nous fait aborder à gauche juste au-dessus du grand rapide. Sur la rive, nous sommes assaillis par des bandes d'indigènes petits et grands, uniformément nus ; parmi eux, des gamins qui n'ont certainement pas dix ans. Il faut toute l'éloquence des courbaches pour nous préserver de leurs obsessions. A peine sommes-nous arrivés sur le rocher qui domine le grand rapide, que toute la bande se précipite dans le courant, les uns à cheval sur une pièce de bois, les autres sans autre aide que leurs bras. Ils se laissent emporter, rouler par les remous ; tantôt ils filent sur l'eau noire et tantôt apparaissent dans l'écume; en un moment, les uns sont jetés sur le bord où ils se raccrochent, tandis que les autres, plus hardis, traversent tout le rapide et se dérobent ensuite au courant par de violentes brassées. Et deux minutes après, tous ces gaillards, nus comme des vers, de retour auprès de nous, s'alignent militairement, tandis que le « cheick des rapides » vient nous réclamer le backchich traditionnel. C'est un spectacle d'un haut comique.

Je n'entreprendrai point de décrire les monuments qui ornent l'île de Philœ : c'est affaire aux livres spéciaux : Karnak, Medinet-Abou, impressionnent surtout par leurs proportions gigantesques : ici il y a moins de force et plus de grâce — nous sommes, il est vrai, dans la « mauvaise époque » car presque tous les monuments datent des temps romains. J'ai dit que de quelque côté qu'on regardât Philœ du dehors, elle formait un tableau ravissant, presque trop composé : qui ne connaît la gracieuse silhouette du kiosque de Tibère, si élégamment posé au bord du fleuve, avec son coin de muraille à demi caché par les broussailles, qui baigne dans le Nil où presque toujours stationne ou passe une barque aux mâts penchés ? Dans l'intérieur de l'île, si accidenté, les perspectives qui se démasquent à chaque pas ne sont pas moins charmantes. Il est délicieux de s'y promener aux heures tombantes du jour, lorsque les touristes méthodiques ont exécuté leur programme et sont rentrés à Assouan : on passe de la colonnade d'Isis, où le lotus des chapiteaux se rapproche du style corinthien, aux pylônes,

LE GRAND RAPIDE DE LA PREMIÈRE CATARACTE.

ornés d'immenses images gravées, malheureusement grattées par les conquérants barbares ;
dépassant les sphynx de granit aux
têtes brisées on pénètre dans cette
cour où, entre les pylònes et des colonnades à chapiteaux surmontés de

KIOSQUE DE TIBÈRE DANS L'ILE DE PHILOE.

têtes, un énorme bloc de granit laissé sur place,
a été encastré dans la muraille, taillé verticale-
ment et couvert de hiéroglyphes. Toujours çà et

là, la monotonie des ruines est égayée par des palmiers. Quand on a examiné ces choses en détail, il faut revenir se placer sur le rocher qui forme un promontoire élevé au sud-est de l'île ; de là, tournant le dos au courant du fleuve, on embrasse tout : les colonnades, les pylônes, le kiosque de Tibère, comme enchassés dans un cadre de verdure ; à gauche, le chaos de Bigeh, au loin, par devant, les flancs dorés de la chaîne arabique, où, sur les flancs tourmentés passent des ânes porteurs ; à droite enfin, Chellal, avec sa flottille, ses bouquets de palmiers, sa gare champêtre. Et si l'on a la chance de se trouver devant ce tableau à l'heure où les rayons du soleil couchant dorent les montagnes et les amas de pierres taillées, on a certainement vu l'un des plus magnifiques spectacles qu'il soit donné à l'homme de contempler.

Le soir, revenus à Assouan, nous faisions une dernière promenade au bazar ; cette fois, nous commencions à ressentir les tristesses des départs. Le lendemain, dès l'aube, le *Rameses the great*, notre nouvel hôtel ambulant, nous emportait sur le Nil et le soir même, au coucher du soleil, nous atteignions Louqsor. Sur le quai, le brave Gattass m'attendait et j'organisais sans tarder une rapide excursion pour le lendemain matin.

TEMPLE ... PHILOE.

Cette promenade, que je fis seul, avec Gattass est encore un des bons souvenirs de mon voyage : à sept heures du matin, une barque nous transportait sur l'autre rive, où nous attendaient deux ânes bons trotteurs, ou plutôt galopeurs. Nous partîmes à fond de train dans les verdures ; en moins de trois heures, nous revîmes le Ramesseum, Deir-el-Bahari, les Colosses, Medinet-Abou. Mes amis, les marchands de bibelots, couraient auprès de nous, montrant leurs trésors dans leurs mouchoirs noués : « *Oh!... good!... Antique!...* » Gattass me donnait des renseignements sur sa propre vie et sur celle des siens dans ce pays de ruines ; les temples déserts parlaient plus éloquemment à ma pensée... Quelles heures charmantes !

Nous étions de retour pour le déjeuner ; peu d'instants après la sirène sifflait et, nouveau serrement de cœur, il nous fallait dire adieu à Louqsor. Adieu, ô vieille Thèbes, mère de la civilisation ! Tes restes colossaux sont un des grandioses repères qui attestent l'antiquité de la pensée créatrice et coordonnée ; la gloire, inscrite sur les pierres, est encore chantée par chaque tombe qu'on entr'ouvre ; ton sol, pavé de hiéroglyphes et semé de papyrus, parle si haut d'histoire que les Barbares ingénus campés sur tes ruines s'entretiennent de ton passé comme d'une aventure récente, de tes Ramsès comme de souverains d'hier, majestueux et bienveillants! Le passant pieusement saisi par la grandeur sereine, emporte le moindre débris de tes monuments ou de tes tombes, espérant qu'il lui rappellera à la fois sous son ciel brumeux, parmi ses usines, et les temples qui agrandirent sa pensée. et les flancs de la montagne libyque que le soleil couchant embrasa toujours de ses feux sacrés.

XIV

Kenèh. — Sur le chemin d'Abydos. — Les temples de Seti Ier et de Ramsès II. — La Nécropole. — Assiout. — Retour au Caire.

Kenèh, pays des gargoulettes poreuses dont l'Égypte fait une si grande consommation, n'est pas tout à fait au bord du Nil, par où, cependant se font presque toutes les expéditions. Au moment de notre arrivée, de nombreuses barques sont amarrées au rivage : elles portent des gargoulettes de toutes les dimensions : d'énormes, destinées à contenir la provision d'eau des ménagères indigènes, de moyennes, de petites enfin, pareilles à celles qui, sur notre table, maintiennent l'eau du Nil si délicieusement fraîche. Une galopade d'ânes nous conduit à la ville, assez importante pour que la France y entretienne un agent consulaire : les nombreux potiers de Kenèh travaillent la terre dans la cour de leurs maisons, au moyen de tours du modèle le plus simple ; les formes qu'ils donnent aux gargoulettes ne manquent pas de grâce ; le bazar, au milieu duquel défile notre caravane est animé comme toujours, mais ne présente aucun intérêt spécial.

Après une nuit passée à Dishneh, le 1er mars au matin, nous nous remettions en route pour Bellianah, où aboutit le chemin d'Abydos. Cette excursion est je crois, la plus rude course à âne du voyage, mais c'est aussi l'une des plus attrayantes ; la campagne, uniformément plate est toute pareille à celle du Delta : un océan de céréales verdoyantes, blés, lupins, fourrages artificiels, d'où jaillissent, pareils à des îlots, les villages couverts de palmiers. Tandis que notre caravane serpente dans les sentiers en zig-zag, une vie intense s'agite autour de nous : dans les champs, des fellahs et des fellahines travaillent, entourés d'enfants et d'innombrables animaux domestiques : buffles, bœufs, chameaux, ânes, moutons, chèvres, attachés à des piquets ou paissant librement. Des myriades d'oiseaux de toute espèce, corbeaux au plumage cendré, allouettes huppées, et ces échassiers blancs au col élégant que nos yeux européens ne sont pas accoutumés à voir de si près, se posent effrontément à quelques pas de nous et se dérangent à peine pour nous laisser passer. Des enfants demi-nus lancent contre eux, à l'aide d'une fronde en paille tressée, des mottes de terre dur-

KENÉH. — LES FABRIQUES DE GARGOULETTES.

cies et viennent aussitôt nous offrir de nous vendre leur arme rustique. D'autres soufflent dans
des chalumeaux et, bientôt cette musique doucement monotone, se fixe dans la mémoire comme
l'accompagnement obligé du paysage. Toujours
retentit l'éternel cri d'Orient : backchich!
backchich! Il n'a pas un nuage au ciel, mais
une brise légère rend la température agréable...

Au bout de deux heures de chevauchée, nous
atteignons les bouquets de palmiers qui marquent
la fin des cultures ; une longue file de chameaux,
chargés de pierres, suit un sentier parallèle au
nôtre. Derrière le rideau d'arbres, le sol aride
se redresse en une série de petits mamelons
jusqu'à la chaîne lybique peu élevée en cet
endroit; les sables qui avaient recouvert les
ruines d'Abydos, formaient les premiers de ces
mamelons. Que dire du temple de Seti Ier, sans
entrer dans les notices historiques ou descrip-
tives que je me suis volontairement interdites?
les livres spéciaux insistent avec raison sur la
beauté des peintures qui ornent les dernières
salles intérieures : elles valent, au point de vue
de la fraîcheur du coloris, celles de Denderah et
de Kalabcheh et elles sont plus importantes.
Après avoir fait la station traditionnelle devant
la fameuse « table d'Abydos » qui fournit l'une

des listes des dynasties égyptiennes, nous déjeunàmes à l'abri des colonnes, au milieu de ces merveilles. Le temple de Seti Ier, présente un intérêt suffisant, par son étendue, par son état de conservation, par ses peintures, pour produire une émotion, même après Karnak, même après Abou Simbel ; mais il faut, pour la ressentir, après s'être soustrait à la bande enragée des quémandeurs, que les gardiens maintiennent heureusement dans les cours, fuir encore le drogman et son troupeau de snobs bruyants...

Du temple de Ramsès II bâti à quelques centaines de mètres de là, il ne reste que les murailles, rasées à hauteur d'homme. C'est dans la Nécropole voisine, — Kom-es-Soultan — qu'ont été trouvées la plupart des stèles qui enrichissent nos musées. Ainsi toujours, en Égypte l'histoire sortit des tombes...

Après avoir fait une rapide visite à un monastère copte, un peu plus au nord, la caravane traverse la bordure de palmiers et reprend à travers champs, le chemin de Bellianah, toujours poursuivie par les offres des marchands d'antiquités. De très loin, dans la plaine, les grandes voiles des barques qui glissent sur le Nil invisible semblent des mouettes gigantesques, rasant les verdures...

Maintenant, le Nil égyptien et nubien nous a dévoilé toutes ses richesses : le voyage dans l'inconnu est terminé; nous n'avons plus qu'à regagner le Caire. Sur le bateau, on ne s'ennuie pas plus qu'au premier jour. Le *Rameses-the-Great* compte parmi ses passagères plusieurs jeunes Américaines : chaque soir, elles organisent des sauteries sur le pont; et jusqu'à onze heures, notre hôtel ambulant retentit des sons du piano et des éclats d'une bruyante gaieté. Le 3 mars, après-midi nous nous retrouvons à Assiout. L'arrêt y est suffisamment long pour qu'on puisse, en traversant le bazar, retourner sur la crête de la chaîne lybique d'où l'on jouit d'une inoubliable vue sur la ville et sur la nécropole. Le lendemain à Rodah, le bateau mouille devant une sucrerie. Enfin, le dimanche 4 mars, vingt-septième jour de notre départ du Caire, les deux minarets élancés de la mosquée Mohammed-Ali, se détachent à droite sur le ciel, dominés eux-mêmes par l'imposante crête du Mokattam. Nous apercevons successivement à gauche les pyramides de Meydoum, de Dahchour, la pyramide à degrés de Saqquarah, enfin celles de Gizeh. Les palais du Caire sortent de la brume, de plus en plus nettement dessinés. Nous tournons à droite autour de l'île de Boulaq; des rangées de barques

immobiles près d'un marché dressent vers le
ciel leurs mâts où perchent des corbeaux effron-
tés; ce bras du fleuve est bordé par les ruines
pittoresques du Vieux Caire, avec ses ruelles
étroites sur lesquelles surplombent des moucharabies délabrées.

Il faut dire adieu à notre hôtel flottant : nous
aurions quelque tristesse à le quitter, si le Caire
ne nous avait laissé les mêmes regrets. En attendant les voitures des hôtels, nous nous amusons
aux manœuvres de l'intendance qui embarque sur
le *Rameses-the-Great* les provisions de bouche pour
le nouveau voyage de vingt jours. Un moment
après nous avons une assez grosse déconvenue :
il n'y a plus une seule chambre de libre à l'hôtel
Shepheard, où nous étions précédemment installés. Ma foi tant pis, nous irons à l'hôtel d'Angleterre. Je dois reconnaître que le hasard nous
a bien servi : nous avons trouvé là, avec la tranquillité qui convient à nos habitudes médiocre-
crement mondaines, tout le confortable que nous
pouvions souhaiter. Le propriétaire de l'hôtel
d'Angleterre est associé avec celui de l'hôtel
Continental, qui est paraît-il aussi un hôtel
excellent, installé sur un pied de grand luxe. Les
voyageurs peuvent, suivant leurs préférences
pour le calme ou pour les fêtes, se loger dans

l'un ou dans l'autre. On voit que sans parler des autres hôtels, qui sont nombreux, les ressources ne manquent pas, au Caire. Pourtant à certains moments, l'affluence est si grande que les touristes attendent à Assouan ou à Louqsor l'envoi d'un télégramme leur annonçant que leurs logements sont disponibles.

XV

Séjour au Caire. — L'hôtel Shepheard. — Le Musée de Gizeh. — Le commerce des momies. — Les Pyramides. — Le sphynx. — L'ascension de la Pyramide.

Si l'on veut connaître un tant soit peu le Caire, il faut y passer au moins une quinzaine de jours ; il va sans dire qu'on y pourrait demeurer comme certains le font, durant tout l'hiver sans éprouver une minute d'ennui. Quelles ressources inépuisables, en effet : d'une part, le Musée, les Pyramides et les monuments de l'Égypte antique ; puis les mosquées et les restes de l'Art arabe, qui atteignit ici son suprême degré de pureté ; enfin, la vie indigène actuelle, si bruyante, si colorée, empreinte d'un charme spécial, pour les Occidentaux accoutumés à la vie banale et tirée au cordeau. Je parle des personnes qui voyagent pour leur esprit : les autres peuvent en outre compter sur la société du Caire qui est, comme dans tout l'Orient, ouverte et accueillante ; ils ont encore pour se distraire le théâtre et les innombrables divertissements apportés ici par les Anglais. Le centre de la vie mondaine au Caire est l'hôtel Shepheard, dont la terrasse et les vestibules magnifiques, ornés de colonnes de style égyptien, sont le rendez-vous agréable des hiverneurs que réunissent les soirées de chant, de danse, de prestidigitation. C'est là que le plus souvent, nous venons retrouver nos amis pour convenir des excursions du lendemain. Tandis que nous prenons le café sur la terrasse, après déjeuner nous avons sous les yeux le défilé incessant de gens qui arrivent du chemin de fer, qui partent sur le Nil, qui reviennent d'excursion. Jamais je n'ai vu pareil mouvement dans un hôtel : devant, dans la rue, grouille la cohue des drogmans, interprètes, âniers, et des voitures. Un jour par semaine la musique militaire des bataillons anglais vient se faire entendre dans les parterres qui flanquent l'escalier. Et le soir, dans les immenses vestibules entre les colonnes égyptiennes prend place la foule de voyageurs cosmopolites où se trouvent mêlés grands-ducs, Américains richissimes, hommes d'État, toutes les illustrations que la curiosité attire dans cet admirable pays. Assis autour de petites tables, on fume, on boit, en s'entretenant des incidents du jour, des projets du lendemain. Dans les bâtiments de Shepheard ou dans la rue qui les prolonge, en face de l'Esbekieh sont de jolis magasins où tout le monde s'arrête : la librairie Diemer, la mieux approvisionnée du Caire, le photographe Bonfils, où l'on achète les collections de vues du Nil, des monuments et de scènes pittoresques ; en face de l'hôtel, le magasin Philip, le consciencieux marchand d'antiquités, dont les touristes se disputent les trésors ; à droite les bureaux de Cook où chacun va prendre son courrier.

La vieille réputation de l'hôtel Shepheard est tellement établie à l'étranger, elle lui donne par le voisinage des notabilités qui s'y trouvent chaque année, un tel relief aux yeux des voyageurs un peu snobs, que cette année s'est produit l'amusant incident qui suit : Un vapeur allemand avait amené directement d'Amérique tout un convoi de Yankees, tous parfaitement décidés à descendre à l'hôtel Shepheard ; cela était d'ailleurs indiqué dans le contrat passé avec le manager qui les conduisait ; malheureusement quand ils arrivèrent au Caire, l'hôtel était plein ; il ne demeurait pas une place de libre. Colère, indignation des Yankees, embarras du manager. Finalement on s'arrêta à la transaction suivante : il fut convenu que le manager logerait ses clients où il pourrait, mais qu'*il collerait sur toutes les*

LE PONT DE KASR-EL-NIL.

valises et malles des étiquettes de l'hôtel Shepheard. C'était le principal. Tout le monde fut satisfait...

Dès le lendemain de notre retour au Caire, notre première visite fut pour le Musée. Il est actuellement installé à Gizeh, dans un palais qu'entoure un parc magnifique. Nous y fûmes dès la première heure, en voiture, car nous comptions pousser ensuite jusqu'aux Pyramides. Au delà du pont de Kasr-el-Nil se tient un marché indigène en plein vent qui vaut qu'on s'y arrête. De là partent plusieurs chaussées superbes, — notamment la fameuse allée de Gésireh, — ombragées d'arbres qui forment au-dessus d'elles un berceau touffu. Ces allées ombreuses, comparables aux plus belles de nos vieux « cours » français, produisent un singulier effet, au milieu de l'immense plaine uniformément verdoyante qui s'étend entre le Caire et les Pyramides. L'allée de gauche conduit à Gizeh : sur la chaussée c'est un incessant défilé d'indigènes, de tout sexe et de tout âge, de cavaliers, de voitures de touristes, d'ânes et d'âniers et aussi de chameaux qui portent gravement en branlant leur tête grognonne, d'énormes charges de fourrage vert destinées à la nourriture des ânes du Caire.

On a retiré le Musée de Boulaq où il était menacé par les eaux du Nil. A Gizeh, il court un autre danger : le palais, comme tous les palais, orientaux est construit en matériaux médiocres où le bois joue un rôle prédominant. Aussi le conservateur du Musée, l'excellent M. Brugsch, frère de l'égyptologue, vit-il dans une inquiétude continuelle : le feu, contre lequel on serait impuissant à se défendre, pourrait détruire en quelques heures les prodigieux trésors historiques amassés par le service des Antiquités. On a récemment décidé de construire de toutes pièces, un nouveau musée, dont les bâtiments seraient véritablement appropriés à leur destination. Il faut souhaiter que ce projet s'exécute au plus vite, car si le Musée était détruit, l'Égypte perdrait du même coup une grande partie de son intérêt et par conséquent de la richesse que lui apportent les touristes.

Nous aurions dû certainement, visiter le Musée, avant de faire notre promenade sur le Nil; mais dans tous les cas, il faut le revoir après, souvent et longuement. L'esprit replace assez aisément dans les temples et dans les tombeaux les objets qui y furent trouvés et de tous ces éléments se compose une idée plus exacte de la vie antique. Quelles délicieuses heures, on passe là, lorsqu'on est par surcroît, en proie à la folie du bibelot :

ó les innombrables scarabées aux fins cartouches, les splendides collections de bijoux si remplis de goût, si finement travaillés qu'ils feraient honneur à un artiste de nos jours, et ils ont trois ou quatre mille ans! les bronzes curieux où revivent les dieux égyptiens, si nombreux et si compliqués; les jolies statuettes de faïence, ou de bois peint placées dans les tombes pour être les serviteurs de l'âme des morts; les papyrus dont on voudrait percer l'irritant mystère; les restes — trop rares hélas! — du mobilier égyptien; les sarcophages de bois peint, de l'époque romaine, aux dorures si fraiches qu'elles semblent sortir de l'atelier, — et ceux où était peint par une attention touchante, le portrait du défunt; et encore dans les pièces du bas, ces innombrables tombes de granit, de marbre, de porphyre, aux riches inscriptions hiéroglyphiques et les figures sculptées, notamment ce scribe que M. de Morgan a découvert récemment et qui vaut presque celui du Louvre, le joyau de nos collections. Mais ce qui produit sans contredit la plus vive impression, c'est cette vaste salle où reposent les momies célèbres, notamment celle de Seti Ier et de son fils Ramsès II. Quelle lamentable et ironique destinée! C'était bien la peine, ô maîtres du monde, que vos successeurs respectueux vous fissent avec tant de soin embaumer, pour que vos momies ratatinées, étendues dans leur sarcophage, sous une glace transparente, servissent de spectacle à la curiosité banale de vils plébéiens! Je trouve pour ma part qu'il y a dans cette exhibition comme un manque de piété humaine : on n'agirait point ainsi vis-à-vis d'un homme célèbre, mort depuis quelques centaines d'années. Est-ce donc que cela détruit le respect, d'être vieux de plusieurs milliers? passe encore pour les momies anonymes, mais leur gloire même ne devrait-elle pas plaider pour Ramsès II et pour Seti Ier? Je ne nie pas les droits de la science, mais il me semble que si j'avais la charge du Musée, j'aménagerais dans une salle retirée, une pièce, où reposeraient les grands rois au milieu des objets qui devaient accompagner leur dernier voyage. Là, le visiteur ne devrait ni rester couvert, ni parler à haute voix et les plus sots cokneys comprendraient qu'ils n'ont pas seulement devant eux une tête baroque à la peau parcheminée collée sur les os, mais les restes d'êtres qui commandèrent aux hommes, qui créèrent l'histoire et qui furent presque des dieux!...

... Je ne blâme aucunement le commerce de momies et de bibelots antiques qui se fait offi-

ciellement dans une salle du rez-de-chaussée du
Musée : tous les ans on découvre dans l'intérêt
de la science, de telles quantités d'objets, qu'au-

cun monument ne pourrait les contenir. D'ailleurs pourquoi garder d'innombrables exemplaires du même type? On trouva par exemple, il y
a quelques années, d'un seul coup, quatre mille
figurines de faïence bleue, toutes pareilles, dans

les tombes des prêtres d'Ammon à Thèbes. On a donc raison de conserver les plus beaux exemplaires et de vendre les autres, qui font la joie des collectionneurs. Quant aux momies, si le service des Antiquités ne les recherchait point, elles seraient mises au jour et vendues par les indigènes souvent après avoir été déchiquetées. Mais il est tout de même curieux de penser que des cadavres sont devenus un objet d'art et qu'un prêtre d'Osiris dans son cercueil vernissé, servira à mettre quelque peu d'originalité exotique et macabre dans le salon d'un bourgeois de Londres ou de Paris...

A côté de la salle où reposent Seti I⁰ʳ et Ramsès II, dans une autre pièce, des momies de moindre importance sont entreposées sur les rayons d'une sorte de bibliothèque gigantesque en attendant qu'on les examine, qu'on déchiffre leurs papyrus. Une bibliothèque de momies! La chair de certains est tellement conservée qu'elle cède sous la pression du doigt.

Du palais de Gizeh, une longue avenue, surélevée qu'ombragent des arbres inclinés en arceaux conduit aux Pyramides, à travers cette plaine verdoyante qui, à une autre époque de l'année, n'est qu'une vaste étendue d'eau. Les villages sont bâtis sur des hauteurs qui les

ENTRE LE CAIRE ET LES PYRAMIDES.

mettent à l'abri de l'inondation. Lorsqu'on arrive au commencement du désert, on aperçoit à gauche des bâtiments destinés à abriter les ânes, les chevaux, les voitures, à droite l'hôtel Mena-House, où l'on peut se réconforter. De là quelques minutes de marche nous conduisent par une assez forte pente, au pied de la grande pyramide, celle de Chéops. Dès qu'on se déplace un peu sur la gauche, celle de Chephren, presque aussi haute, se démasque, puis d'autres petites, à moitié démolies. Un monde de guides, de marchands d'antiquités, de chameliers, d'âniers, de photographes, nous assaille. Mais l'obsession la plus ennuyeuse est celle de la tribu de Bédouins qui exprime la volonté très arrêtée de nous hisser au sommet de Chéops. Pour dire le vrai, je n'avais guère envie de grimper là-haut : je n'éprouvais même aucune émotion spéciale en face de ces imposantes masses de pierres ; elles étaient trop semblables à ce que j'avais imaginé. Nous allâmes sur des ânes, faire un tour vers le Sphynx. Est-ce la présence des nombreux étrangers piqués devant lui, ou des mendiants qui ne cessaient de nous obséder, je n'eus là encore aucune surprise. Le Sphynx est plus dégradé que les Colosses de Thèbes. Tout auprès, enfoui sous les sables les restes d'un grand temple ont été retrouvés. Évidemment le plein jour est un moment mal choisi pour visiter ces ruines dont les dégradations apparaissent trop cruellement et dont la foule des touristes détruit la majesté ; je comprends maintenant que les peintres se soient attachés à rendre simplement leur silhouette dans la sérénité des soleils couchants... Un peu plus loin les Bédouins ont construit leur village dans un ravin.

Nous retournâmes au pied de Chéops. Le désir me vint de monter jusqu'à l'entrée du couloir, qui descend à l'intérieur de la pyramide et de revenir de là vers l'angle nord-ouest, par une assise horizontale, de façon à avoir une vue de la plaine et du Caire. Je ne comptais aucunement grimper jusqu'au sommet, ce genre de tour de force me paraissant médiocrement glorieux. J'avais compté sans les Bédouins : à peine avais-je posé le pied sur le premier gradin que quatre ou cinq d'entre eux m'entourent, m'empoignent une main. J'ai toutes les peines du monde à me dégager. Dans un langage énergique, je leur enjoins de me... laisser la paix. Peine inutile : ils ne me touchent plus, mais m'accompagnent avec la sollicitude la plus agaçante. La vue du couloir ne me donne aucune envie de pénétrer à l'intérieur de la pyramide ; l'inclinaison est rapide et le fond, lisse comme un miroir. Me voici donc, toujours accompagné de mes gardes du corps, en marche vers l'angle nord-est. L'un des Bédouins qui sait parler français me tient les discours les plus encourageants : « Tu veux aller seul, mais tu ne peux pas aller seul... Là-haut, tu auras le vertige, tu tomberas et nous serons obligés d'aller te chercher... tandis que pour cinq shillings... » Dans leur sollicitude, ils ne me laissent pas un moment de repos. A la fin irrité, je leur crie : « Eh bien ! j'y monterai, là-haut ! et j'y monterai tout seul. Entendez-vous ? » Et me voilà, emballé moi-même, grimpant à toute vitesse le long de l'arête, sans avoir même pris le temps de regarder le paysage... Cette fois, les Bédouins me laissent aller. Mais moins d'une minute après, celui qui m'avait parlé, me rejoint : « Oh ! oui, me dit-il, monter, c'est facile, mais là-haut, c'est glissant et on a le vertige. Quand tu voudras redescendre, tu tomberas et nous serons obligés de monter te chercher. Tu verras... tu auras de la chance si tu ne te casses pas un bras ou une jambe. Il y en a bien d'autres qui ont voulu monter, et cela leur est arrivé... » A la fin, furieux, je me retourne vers cet oiseau de mauvais augure et glissant la main dans ma poche où il n'y avait rien autre chose que mon portefeuille je lui crie d'un ton farouche : « Si tu fais un pas de plus à côté de moi, je te brûle la cervelle. » Aussitôt voilà mon gaillard dégringolant avec la plus extrême vélocité. Toutefois, en continuant de grimper aussi vite que possible, je faisais d'assez tristes réflexions : « Si pourtant cet animal disait vrai ! Je n'ai jamais eu le vertige dans les montagnes, mais ici ce n'est peut-être pas la même chose. Si j'allais tomber là-haut et qu'on soit obligé de venir me chercher ? Serais-je assez ridicule ! » Pourtant un amour-propre stupide m'empêchait de m'en tenir là et je gravissais toujours.... Les degrés sont un peu trop hauts pour qu'on puisse passer de l'un à l'autre sans l'aide des mains. Chaque degré représente donc un saut, je trouvais qu'il y en avait beaucoup. Par instants, je m'arrêtais dans des anfractuosités, pour respirer et je jetais un coup d'œil sur la plaine et sur la ville du Caire, estompée dans le lointain. Mais l'idée que je pourrais glisser tout à l'heure, ne me laissait pas l'esprit tranquille et je reprenais presque aussitôt mon chemin. L'ascension est possible de tous les côtés de la pyramide, mais elle est plus facile vers l'angle où l'on monte habituellement : des pierres brisées, des anfractuosités permettent de s'accrocher et de passer plus aisément d'une assise à l'autre. Enfin, au bout de vingt minutes, qui m'avaient semblé très longues, je mettais le pied — et aussi les mains s'il faut tout dire, — sur la plate-forme du haut. Assis auprès du mât qui a été dressé au milieu, je regardais en bas les Bédouins pareils à des fourmis, puis plus loin les chaussées ombragées, la plaine verdoyante semée de villages, de palais, le Nil, coulant à l'horizon, le Caire et par derrière la crête du Mokattam. Puis me tournant, je ne voyais plus que le Désert, à perte de vue, où s'élèvent au sud, les pyramides de Dahchour et de Saqquarah.

Il me semblait bien maintenant que je n'aurais pas le vertige. Pourtant j'avais pris la ferme résolution de m'entourer de toutes les précautions. Je descendis donc les premiers gradins face à la pierre posant les pieds et les mains prudemment. Au bout de deux minutes, j'étais fixé : je ne ressentais pas le moindre vertige ; je me mis à sauter d'une assise à l'autre en prenant simplement soin de ne pas glisser. Durant cette descente rapide je voyais passer auprès de moi, hissés comme des paquets, de pauvres touristes que trois Bédouins emportaient bon gré mal gré, l'un poussant par derrière et les deux autres tirant les bras. Dix minutes après je touchais le sol et je repassais fièrement au milieu des Bédouins indifférents. L'un d'eux, s'avança alors vers moi l'air souriant :

— Tu vas maintenant nous donner un backchich. Je suis le cheick des Pyramides.

J'avais justement dans ma voiture ma courbache et une forte canne en bois de fer. Je les lui montrai :

— Celle-là est pour les Bédouins et celle-ci est pour le cheick des Pyramides. »

Le digne cheick sourit avec indulgence et n'insista pas...

Le retour, dans une voiture rapide, sous l'ombre des allées, est délicieux. Une heure et demie plus tard, nous étions attablés devant un bon dîner à l'hôtel d'Angleterre... Et pendant trois jours j'eus une telle courbature que mes jambes étaient raides comme celles d'un vieillard.

La vraie sagesse est, aux Pyramides, de gravir seulement une vingtaine de gradins, comme j'en avais d'abord formé le projet. La vue est de là, tout aussi intéressante que du sommet. Quant aux « dompteurs de montagnes » je leur conseillerai de grimper seuls, comme je l'ai fait, mais en prenant tranquillement leur temps afin de ne pas se fatiguer. En somme l'ascension si elle est assez fatigante ne présente aucune difficulté.

XVI

Chez M. Parvis. — Héliopolis et l'arbre de la Vierge. — Koubbéh. — Un parc à autruches. — Le bazar de Khan-Khalil. — Les drapeaux. — Dans les rues du Caire. — Ibrahim, cheick honoraire des Pyramides. — Le Barrage du Nil.

Les innombrables étrangers qui vont tous les ans visiter les magasins de M. Parvis au fond d'une grande cour, à gauche, en entrant dans le Mousky, ne se demandent pas pour la plupart, quelle est l'origine des meubles ravissants, des bibelots exquis qu'ils emportent comme souvenirs de leur séjour au Caire.

M. Parvis est un Italien de Turin qui fit son apprentissage d'ébéniste au faubourg Saint-Antoine à Paris. Venu au Caire pour y exercer sa profession, profondément artiste, il fut frappé du parti qu'on pourrait tirer des enseignements de l'art arabe au point de vue de l'ameublement. Il économisa la somme nécessaire à la fabrication et s'établit; longtemps, ses créations ne furent connues que de quelques amateurs éclairés, qui d'ailleurs l'aidèrent autant de leurs conseils que de leur bourse. Puis, à mesure que les modèles créés par M. Parvis devenaient plus nombreux, que ses ateliers et ses magasins s'agrandissaient, le nombre des visiteurs étrangers s'accroissait et chacun d'eux, non content d'être un client, devenait en Europe un apôtre de l'ébénisterie arabe.

Maintenant, M. Parvis est un grand fabricant dont les magasins sont indiqués dans tous les Guides comme une des curiosités du Caire. Mais l'excellent homme est demeuré l'artiste chercheur, convaincu des premiers temps. Après avoir imaginé cent formes où pouvaient se déployer les ressources de l'ébénisterie arabe, meubles d'usages habituels de toutes sortes, porte-album, guéridons, cadres, consoles, sculptés, découpés, ornés de marqueterie, il a cherché dans les rares vestiges du mobilier antique que possède le musée de Gizeh, les éléments de nouvelles créations. Sans doute, ce genre se prête moins aux habitudes du confort moderne, mais il peut plaire aux personnes éprises d'originalité. Ce qui m'a séduit dans l'œuvre de M. Parvis, c'est la conscience qu'il apporte à l'étude des documents dont il s'inspire : il est tel détail de ses meubles de style égyptien que j'aurais cru de pure fantaisie ; mais le vieil artiste enthousiaste, dans une visite que nous fîmes en commun au musée de Gizeh, me montrait les modèles où il avait pris les moindres détails. Et le lendemain, je le trouvais en extase devant une vieille aiguière persane que j'avais achetée et dont il me demandait la permission de copier le curieux dessin. Personne peut-être ne connaît aussi bien que lui les trésors d'enseignement que renferment certains coins obscurs des vieilles mosquées, certaines boiseries vermoulues de maisons croulantes.

M. Parvis était trop épris d'art pour s'en tenir aux adaptations que permet le travail du bois. Son magasin qui est un véritable musée, renferme des spécimens d'innombrables autres créations : bijoux imités des Égyptiens, plateaux, aiguières, suspensions en cuivre travaillé, lampes de mosquées. Les joyaux de son magasin sont assurément les copies d'un coffret et d'un guéridon en cuivre damasquiné d'argent qui figurent parmi les plus rares pièces du musée arabe. La copie est si consciencieuse qu'on aurait peine à la distinguer du modèle. M. Parvis a collectionné nombre d'objets anciens ; ils sont placés dans ses magasins pêle-mêle avec les produits de sa fabrication, et ceux-ci sont assez beaux pour n'être pas écrasés par ce voisinage.

C'est là que je vis le premier spécimen d'une lampe de mosquée en verre émaillé fabriqué par un de nos compatriotes de Paris, M. Brocard. J'ai appris depuis que le comité de conservation des monuments de l'art arabe avait jugé ces lampes dignes de figurer dans les restaurations de mosquées qu'il entreprend.

Le succès obtenu par M. Parvis lui a naturellement créé des imitateurs ; on a même reproduit sans scrupule les modèles qu'il avait créés. Grâce à une savante distribution de pourboires aux drogmans, des négociants établis dans le Mousky s'efforcent de détourner de lui la clientèle. Je ne saurais trop engager mes compatriotes à ne pas se laisser prendre aux apparences de bon marché que leur vantent les drogmans : si les meubles arabes leur plaisent, ils ne trouveront nulle part le fini du travail, la solidité des matériaux, la conscience qui caractérisent les œuvres de Parvis.

Héliopolis, et l'arbre de la Vierge, voilà l'une des promenades traditionnelles du Caire : un bon landau fait aisément la course en trois heures, avant le déjeuner. L' « arbre de la Vierge » n'est qu'un attrape-nigauds et ne vaut pas même qu'on descende de voiture. Quant à Héliopolis, on n'y

verra, jusqu'à ce que les fouilles soient reprises,
rien autre chose qu'un obélisque au milieu des
champs. Mais la promenade, dans la jolie campagne ombragée, est délicieuse. La route contourne
le palais de Koubbèh où le khédive Abbas II habite
généralement. Un peu avant d'arriver à Héliopolis, nous tournons sur la droite; quelques tours
de roues nous conduisent au Parc à autruches.
C'est une entreprise qui a été créée par un ban-
quier français du Caire, M Dervieu. Elle a, paraît-
il, été longtemps difficile, les méthodes d'élevage
n'étant pas encore adaptées au climat; mais elle
réussit maintenant parfaitement; le domaine est
installé dans le désert, à l'extrémité des territoires cultivés ; il a la forme d'une grande
enceinte circulaire, les parcs formant secteurs.
Au centre s'élève un pavillon d'où l'on aperçoit
tous les parcs. Plus de quatre cents autruches
de tout âge, de toute taille y sont maintenant
enfermées; les visiteurs peuvent les voir de près
et se rendre compte des conditions de l'élevage.
On m'assure qu'une autruche adulte peut produire pour quatre à cinq cents francs de plumes :
malheureusement la consommation augmente ou
diminue, suivant la mode, d'une façon fâcheusement irrégulière.

Dans l'après-midi, nous retournons au bazar

de Khan-Khalil : il ne m'a pas semblé, à beaucoup près, aussi intéressant que ceux de Smyrne ou de Constantinople : c'est à peine si le curieux y pourrait trouver quelques beaux tapis, de rares pièces de cuivre ou de faïence persane. L'extrême abondance des touristes et la diminution des communications par caravanes avec l'Orient, ont eu cette triple conséquence : on rencontre très peu d'objets intéressants, beaucoup de fabrication de pacotille, tout est ridiculement cher. Aussi n'est-ce point là que l'on peut trouver des « souvenirs » à rapporter d'Égypte, à moins que ce ne soient des objets d'usage courant, babouches, aiguières de cuivre, etc. Dans cet ordre d'idées, ce que nous avons vu de plus amusant, ce sont d'immenses bandes de calicot blanc ornées d'applications de couleur, découpées et cousues sur le fond : la fabrication de ces toiles occupe les habitants de toute une rue, de l'autre côté du Mousky. Les applications de couleur — généralement rouge vif ou bleu intense — dessinent ou ces entre-croisements de lignes droites dont les artistes musulmans ont toujours su tirer de si admirables effets, ou des inscriptions de versets du Coran, qui forment de charmantes arabesques. Ces drapeaux qui se vendent très bon marché, sont employés pour orner l'intérieur des tentes de Bédouins et

les maisons indigènes où ils s'harmonisent parfaitement avec la pleine lumière. Ils feraient
chez nous de jolis décors pour des installations
de campagne.

Comment rendre l'extrême animation qui
règne dans toutes ces rues commerçantes : char-
rettes arabes, voitures de promenade, chameaux,
ânes de selle ou de labour, piétons de tous les
âges, de toutes races, de tous les costumes,
s'y pressent, s'y coudoient, de telle façon qu'on
ne s'explique point comment il n'arrive pas plus
d'accidents. Et la rue est aussi bruyante qu'animée : cris d'avertissement des cochers, cris des
âniers poussant leurs bêtes, cris des marchands
de toute espèce, annonçant leur marchandise ;
sans compter les braiments des ânes, les gro-
gnements des chameaux, les instruments qui
résonnent mélancoliquement dans les coins,
les boutiquiers qui continuent leur conversation d'un côté à l'autre de la rue, et ces rires
bons enfants qu'on voit à chaque instant
éclater sur les lèvres des indigènes. L'entre-
croisement, l'irrégularité des rues, ménagent
des perspectives imprévues : ici une fontaine
aux découpures délicates forme un renflement
envahissant ; là les deux lignes de boutiques se
rapprochant, ne permettent plus entre elles qu'un

étroit passage : tout contre la porte béante d'une mosquée, qui laisse voir des fidèles en prière sur les nattes, un minaret dresse dans les airs sa gracieuse silhouette. Tantôt, des lambeaux de tente garantissent la rue contre l'ardeur du soleil et tantôt le bleu cru du ciel apparaît librement entre l'avancement des moucharabies. Il ne se passe pas de jour où l'on ne fasse, dans ces rues si vivantes, quelque rencontre : enterrement alerte, suivi de ses pleureuses hululantes ; noce joyeuse avec des cavaliers caracolant à la portière des coupés où passent des femmes au visage voilé ; voiture de personnage important ou simplement riche, précédée de son saïs magnifiquement costumé. Un jour, — c'était la veille de la fin du Ramadan — nous fûmes devant la porte de Khan-Khalil, arrêtés par une foule qui déferlait comme un torrent par la rue étroite. Nous nous réfugiâmes dans une boutique où l'on nous offrait l'hospitalité : pendant une heure, défila un cortège de cavaliers revêtus de costumes aux couleurs éclatantes. C'était, paraît-il des corporations et congrégations.

Je ne sais quel effet produit sur d'autres le spectacle bruyant et coloré de cette existence en plein air, au milieu de la rue : je lui trouve, moi, le même charme au jour du départ qu'au jour de l'arrivée. Cela me repose de nos mœurs froides, compassées, régulières et pour ainsi dire alignées et incolores comme nos rues, et je retrouve dans la bonhomie des relations, dans la variété des lignes, la vision, plus ornée de couleur et de soleil, de ce que fut au Moyen âge, notre société aujourd'hui morose et monotone. Sans doute dans un demi-siècle l'Orient aura subi les effets de l'âpre lutte pour la vie. Aussi faut-il se hâter de jouir de ce qu'il renferme encore de poétique et d'ingénu.

En retournant à l'hôtel Shepheard, nous rencontrâmes un vieux Bédouin qui offrit de nous vendre des scarabées et des bronzes antiques : les plus beaux disait-il se trouvaient chez lui, à Boulaq. Nous y allâmes immédiatement. L'« appartement » d'Ibrahim se composait d'une chambre unique blanchie à la chaux, qui n'était guère meublée que de nattes : là le Bédouin tira de deux boîtes ses marchandises : des scarabées et des bronzes de l'époque romaine ; puis il nous fit apporter une tasse de café. Tandis que je choisissais les pierres les mieux gravées, je posai au cheick quelques questions.

« D'où viens-tu ?

— Je suis l'ancien cheick des Pyramides ? Je suis resté là-bas bien des années. On me connaît ici dans tous les hôtels. Tu n'as qu'à demander le cheick Ibrahim Ahmed. A la fin, je me suis retiré et c'est maintenant mon fils qui me remplace.

— Tu habites ici?

— Pendant la saison des étrangers seulement, pour quatre mois, je loue cette chambre. Après je retourne là-bas, à Gizeh. Si tu as besoin de moi, tu peux me téléphoner. Il y a le téléphone à Mena-house et l'on m'avertira.

— Alors tu habites sous la tente?

— Oh! non! cela ne serait pas convenable.

— Mais autrefois, vous étiez sous la tente?

— Oui. Seulement, le vice-r. Abbas Ier dans sa grande bonté pour nous, nous a fait comprendre que cela n'était pas convenable. Il n'est pas bien de vivre comme des sauvages. Il vaut mieux avoir une maison....

— Et tu aimes mieux cela?

— Oh! non! non! J'aime mieux vivre sous la tente.

— Pourquoi?

—Tu comprends, quand on habite une maison, un village, on est toujours obligé de demeurer ensemble, même quand on ne s'entend plus, — et ça fait des disputes. Avec la tente, si l'on s'ennuie, si l'on a des querelles, on enlève les

piquets, on roule les toiles, on va à Mitrahineh, ou plus loin s'installer suivant son goût. On est libre d'aller, de venir.... Oh! oui c'est bien meilleur!

Les petits yeux noirs du Bédouin brillaient d'un feu étrange.

— Où prends-tu les scarabées et les bronzes que tu me montres ici?

— Eh bien, tu sais, les paysans en trouvent dans la campagne pendant la saison d'été. Alors, il n'y a pas d'étrangers, ils ne savent pas comment s'en débarrasser. Mes parents qui n'ont rien à faire non plus, vont se promener dans le pays, ils achètent les objets aux paysans. De sorte que j'en ai toujours une provision quand vient l'hiver. Seulement, autrefois, les paysans ne savaient pas ce que ça valait. Maintenant, ils veulent trop d'argent.

— Mais eux-mêmes où trouvent-ils tout cela?

— Un peu partout. Il y en a, sur les bords du désert, qui font des fouilles. Mais voici où l'on en trouve le plus : Tu as vu comment sont construits les villages, sur des amas de terre, dans la plaine. Ils ont toujours été, à quelques mètres près aux mêmes endroits; seulement quand une maison tombe, on en reconstruit une autre à côté. Ces amas de limon, où les paysans ont toujours vécu font un excellent fumier; on le passe à travers des tamis avant de l'étendre sur la terre, et c'est pendant cette opération qu'on trouve beaucoup de débris anciens, des scarabées, des bronzes, de petites figurines de faïence.... »

Le lendemain, nous allâmes dans un canot à vapeur, en compagnie de M. Félix Faure et de Mme Faure, visiter le barrage du Nil. C'est une promenade intéressante. Les Guides fournissent les renseignements nécessaires sur ce prodigieux travail industriel.

XVII

Les trésors de Dahchour. — Excursions à Dahchour.
— Dans les fouilles. — En train de marchandises.
— Un coucher de soleil.

Il n'est bruit, depuis notre retour au Caire,
que de la magnifique découverte faite à Dahchour,
par le directeur du service des Antiquités, M. de
Morgan. Nous retournons, au musée de Gizeh,
où les bijoux précieux viennent d'être exposés.
Ils surpassent assurément en beauté ceux qui
avaient été, jusqu'ici, retirés des tombes: ils
sont en même temps d'une fraîcheur éclatante
et d'une finesse de travail que les plus habiles
bijoutiers modernes n'ont pas dépassée.

La vitrine est divisée en deux parties : la première (première trouvaille, 7 mars 1894) renferme
les bijoux de la princesse Hathor-Sat, de la XIIe dynastie. Elle comprend plusieurs colliers d'or,
un collier d'améthystes, de superbes pectoraux
dont les dessins sont formés par des pierres
enchassées dans l'or, avec une telle perfection
qu'on dirait des émaux cloisonnés : puis encore

d'autres menus objets en or, deux scarabées d'améthyste, un troisième taillé dans une turquoise, l'un des plus beaux assurément qui aient jamais été mis au jour.

La seconde trouvaille (8 mars 1894) appartenait à la princesse Sent-Senbet, de la XII⁰ dynastie. Le trésor est encore plus riche que le premier ; on y remarque des scarabées d'améthyste, des colliers d'or, une fleur de lotus symbolique, encloisonnée de pierres précieuses. La perle de la collection m'a paru être un collier d'améthystes avec des pendentifs formés de petites pierres cerclées d'or. Cela est d'un goût charmant. Il faut encore citer un beau collier de cornalines et d'améthystes.

L'examen des trésors de Dahchour avait fait naître chez nous un vif désir de rendre visite aux lieux où ils furent trouvés et de voir pour ainsi dire « des fouilles en action ». Une première fois, une aimable invitation de Mme Boghos Pacha m'en fournit l'occasion. Une partie avait été organisée avec promenade sur le Nil, du Caire à Bedrechein, déjeuner sur le bateau, etc. Le nombre même des excursionnistes m'empêcha d'étudier les fouilles comme je l'aurais souhaité. Aussi lorsque M. de Morgan voulut bien nous convier à retourner seuls

à Dahchour, acceptâmes-nous avec enthousiasme.

... Nous faisons, cette fois, le trajet en chemin
de fer, par un temps superbe : le train, après un

UNE JEUNE FELLAHISE.

long détour, nous dépose à Bedrechein. Une gé-
néreuse distribution de coups de courbache nous
délivre de la cohue des âniers et nous permet de
choisir deux bêtes solides; quelques minutes après,
nous galopons sur la chaussée qui conduit à Mitra-

hineh. Quel plaisir de nous trouver enfin seuls dans la campagne égyptienne, sans caravane et sans drogmans ! Comme il est encore de bonne heure, j'ai recommandé à l'ânier de nous conduire chez les fellahs, et de leur demander s'ils ont des scarabées ou des bronzes à nous vendre : nous voici donc de nouveau, après un mois, sous les grands palmiers de Mitrahineh où s'élèvent côte à côte les huttes de limon des fellahs et les tentes des Bédouins. A chaque pas émergent du sol, à moitié dégagés, des restes de statues granitiques, des débris de pharaons et de sphynx. Tandis que nous nous arrêtons un instant, notre ânier parcourt le village en criant que nous sommes prêts à acheter des objets antiques : mais il paraît que les fellahs sont tous dans les champs car c'est à peine s'il en vient deux ou trois nous apporter des débris sans intérêt. Nous reprenons un sentier qui serpente au milieu des verdures, dans la direction de Saqqarah ; les fellahs que nous rencontrons ont presque toujours sur eux des bibelots à vendre au passant : ils viennent nous les offrir, bien entendu, à des prix exagérés. Il est amusant de déjouer leurs petites ruses : dix fois de suite, l'objet dont nous avons offert un prix qui a été refusé, change de main et nous est présenté par un autre bonhomme qui espère que nous ne le reconnaîtrons pas.

Arrivés à la limite des cultures, nous laissons à droite le village de Saqqarah et nous tournons à gauche ; les pyramides de Dahchour apparaissent sur l'horizon ; elles sont au nombre de quatre : deux en pierre, dont l'une présente un aspect assez insolite, les arêtes formant une ligne, brisée vers le milieu ; deux en briques, très dégradées. C'est vers le pied d'une de ces dernières que nous nous dirigeons : la maison que M. de Morgan s'y est fait bâtir en plein désert domine le talus de sable. C'est une construction longue, basse, à un étage, semblable à celle qui abrita Mariette à Saqqarah. Plus tard, sans doute, on ira en pèlerinage scientifique à la « maison de Morgan » comme on va aujourd'hui à la maison de Mariette.

Devant nous, un cavalier caracole sur un magnifique cheval arabe lancé au galop : c'est M. de Morgan. Nous revenons ensemble et bientôt nous atteignons la dune de sable au sommet de laquelle la maison a été construite. Mme de Morgan qui a suivi son mari dans ses voyages, — notamment durant ses rudes explorations en Asie — et qui habite avec lui à Dahchour depuis des mois, nous fait avec la plus obligeante amabilité les honneurs de son habitation ; de la façade

tournée vers la vallée du Nil, on jouit d'une vue
splendide. Les fouilles sont à quelques pas seulement de la maison : elles se présentent sous la
forme d'un trou pareil à certains puits de mine;
l'orifice est barré par des troncs de palmier. La
descente s'opère de la façon la plus primitive :
quatre grands diables de fellahs vous empoignent,
vous ficellent au milieu du corps et sous les
aisselles et vous descendent ensuite dans le puits,
comme un paquet. Mme de Morgan, la première
donne bravement l'exemple; nous utilisons après
elle ce procédé de descente pittoresque. Le puits
a environ dix mètres de profondeur; il donne
sur deux galeries superposées, dont l'une doit
avoir une quarantaine de mètres de long. Les
douze sarcophages que M. de Morgan a dégagés
ont été jadis violés, problablement par des
voleurs ; les momies ne s'y trouvent plus. Aussi
n'est-ce point là que les trésors ont été décou-
verts. C'est à côté d'eux, tout simplement, en
plein sol, où ils étaient enfermés dans des coffres
de bois : ont-ils été placés là dès l'origine, dans le
but de les dissimuler plus habilement? Ont-ils,
au contraire, été volés dans les sarcophages et
mis dans ces coffres par le voleur qui n'aurait
pu ensuite les reprendre? Quoi qu'il en soit, la
découverte est des plus heureuses. Je questionne

M. de Morgan sur la méthode qu'il a employée pour arriver à ce brillant résultat :

— Le monument que nous avons mis à jour, nous dit-il, renfermait la reine Nefer-Hent et des princesses, parmi lesquelles Sent-Senbet, propriétaire du deuxième trésor ; Hathor-Sat propriétaire de la première trouvaille, et Ment, dont le nom nous a été révélé par ses canopes. Sur douze tombeaux, nous connaissons donc le nom de quatre ; les autres sont restés anonymes, par suite de la disparition des objets qui les accompagnaient et qui ont été enlevés par les spoliateurs de l'antiquité.

« Voici le procédé que j'emploie pour mener à bonne fin mes travaux : mon premier soin, lorsqu'un monument a été creusé dans la roche et n'a pas été construit de toutes pièces avec des matériaux amenés d'un point de la vallée du Nil, est de chercher, à l'aide de quelques sondages, les débris provenant du travail en galeries. Cette indication une fois trouvée, je sais que je ne suis plus très éloigné de l'entrée des travaux, car les Égyptiens de l'antiquité ne portaient pas au loin les haldes de leurs travaux, mais les répandaient autour du chantier.

« Quand j'ignore si les monuments sont creusés ou construits, j'opère des sondages et, si je rencontre des débris, c'est qu'ils ont été creusés ; si, au contraire, je ne trouve pas de fragments de la roche formant la montagne, c'est que les monuments ont été édifiés dans les sables. Dans ce dernier cas, des sondages nombreux, menés jusqu'au sol en place et traversant les couches remaniées, me font trouver les constructions enfouies sous les sables.

« S'il s'agit de débris de fond, j'opère également ces sondages rapprochés, les menant aussi jusqu'au sol en place. Ces sondages me permettent de circonscrire la zone des haldes et, par suite, de restreindre l'aire des recherches. En procédant ainsi, j'arrive graduellement au point où se trouve le puits ou l'entrée du souterrain. Là, les terrains remaniés sont plus épais, le sondage descend plus profondément et, finalement, je trouve l'ouverture que je cherchais.

« Cette méthode a le grand avantage de me fournir une exploration complète du terrain, et les régions sondées et reconnues stériles me servent à déposer les déblais de mes fouilles.

« La nécropole de Dahchour est à peu près vierge de travaux modernes. Je puis donc y conduire méthodiquement mes fouilles. A Saqqurah, au contraire, les travaux sont plus difficiles, car, depuis des siècles, les fouilles ont été faites sans méthode et les déblais recouvrent souvent des terrains encore vierges ; il faut changer de place de véritables montagnes pour obtenir le sol en place.

« C'est en suivant cette méthode que j'ai ouvert la pyramide de Dahchour. Jadis, le service des Antiquités, croyant avoir affaire à un monument de même nature que les pyramides de pierre, s'était attaqué au nord du monument et, ne rencontrant pas l'entrée, avait éventré le tumulus de briques crues pour trouver la chambre du roi qu'on pensait devoir être au centre du monument. Ce travail n'a donné d'autre résultat que celui de montrer qu'il n'existait pas de chambre construite au centre de la pyramide et que la masse de briques reposait sur les alluvions naturelles du pays.

« J'ai alors fait opérer un sondage au perforateur au centre de la tranchée faite autrefois, je me suis assuré qu'il n'existait rien autre chose que le sol en place. En même temps que le sondage s'opérait, je faisais ouvrir des tombeaux au nord et au sud de la pyramide, afin de chercher dans la technique du travail des Égyptiens des renseignements utiles pour l'attaque du monument.

« Au sud, les tombeaux appartenaient à la IVe dynastie ; au nord, ils étaient de la XIIe. Ce sont ces derniers qui m'ont fourni les indications, car les briques dont ils étaient construits étaient identiques à celles de la pyramide. D'autres renseignements m'apprenaient que l'entrée devait être au fond d'un puits et que les galeries étaient à 10 mètres environ de profondeur. Ceci posé, j'explorai le sol comme il a été dit plus haut et, après onze jours de fouilles, j'entrais dans la pyramide.

« Je fis déblayer toutes les galeries avec le plus grand soin, enlevant les moindres traces de terre, afin de mettre à nu la roche naturelle. C'est en procédant ainsi que je trouvai les deux trésors qui, cachés au milieu du couloir par les anciens, avaient échappé aux spoliateurs. Ils appartiennent bien à la XIIe dynastie, les cartouches royaux en font foi. Ils sont bien ceux des princesses près desquelles ils étaient enfouis, car les mêmes noms se reproduisent sur les sarcophages et sur les bijoux. Enfin, ils n'ont jamais été touchés depuis la XIIe dynastie, puisqu'ils étaient encore entourés des débris vermoulus des coffrets dans lesquels ils avaient été déposés. »

M. de Morgan met quelque coquetterie à déclarer qu'il n'est pas un épigraphiste. Il fait des fouilles, dit-il, en « ingénieur » et laisse aux savants le soin d'en utiliser les résultats. Est-ce la raison de son activité? En tout cas, tout le monde s'accorde, en Égypte, à louer son dévouement et à reconnaître l'importance des résultats qu'il a obtenus dans les deux années qu'il vient de passer à la direction du service des Antiquités.

M. Brugsch, le conservateur du musée de Gizeh, est venu par le même train que nous pour conférer avec M. de Morgan. Au déjeuner, nous parlons beaucoup de la Perse, que M. et Mme de Morgan ont parcourue dans tous les sens et que nous projetons de visiter. O Téhéran, et surtout Ispahan, où ne vont pas encore les caravanes de M. Cook! O les mosquées ornées de ces plaques de faïence à l'inimitable coloris!...

Bientôt, il faut partir; il ne doit plus passer qu'un seul train à Bedrechein et nous avons le soir des invités à dîner. Nous remercions chaleureusement M. et Mme de Morgan, dont l'aimable accueil demeurera gravé dans nos souvenirs et nous enfourchons nos ânes. Au bas de la dune, des fellahs et des Bédouins, avertis de notre passage, nous attendent, les mains pleines de bibelots. Il nous faut marchander à nouveau les objets refusés le matin et d'autres qu'ils sont allés chercher. En moins d'un quart d'heure, nos poches sont remplies de colliers, de poteries, de débris de faïences. Maintenant nous craignons d'être en retard. Comment ferions-nous si nous manquions le train à Bedrechein?

Hélas! c'est bien pis : en arrivant à la station, nous apprenons qu'un déraillement s'est produit au delà et que le convoi qui doit nous ramener au Caire ne peut plus passer. Heureusement, un convoi de marchandises, arrivé en deçà du point où la voie est coupée, doit encore venir. Grâce à l'intervention de M. Brugsch que nous avons retrouvé à la gare, nous obtenons la permission de monter dans le fourgon de queue et nous voici en route, après avoir expédié à l'hôtel d'Angleterre une dépêche que les employés de la gare ont beaucoup de peine à traduire en arabe.

A quelque chose malheur est bon : jamais, depuis notre arrivée en Égypte, nous n'avons joui d'un coucher de soleil plus beau que celui qui s'offrit à nous ce soir-là. A peine les derniers rayons achèvent-ils de dorer là-bas dans la plaine de l'autre côté du Nil, les murs d'Hélouan-les-Bains cette singulière station dépourvue d'arbres où l'on fait des cures d'air sec et de chaleur, que les grandes Pyramides nous apparaissent à gauche détachant leur majestueuse et sombre silhouette sur le ciel embrasé. Durant plus d'une heure, nous roulons ainsi, terriblement secoués dans notre fourgon, mais pétrifiés d'admiration devant un spectacle qu'aucun trésor ne pourrait payer : ni combinaisons de la palette, ni artifices de phrases ne sauraient rendre avec quelque vérité la magique splendeur des Pyramides et des allées d'arbres éclairées de reflets changeants, mais dans des tonalités moins éclatantes et se détachant toujours sur les rouges, les ors, les cuivres, les jaunes, les violets, qui se succèdent à l'horizon, comme si, dans le ciel de plus en plus sombre, s'allumaient successivement une série multicolore de feux de Bengale géants.

Une émotion nous poignait le cœur devant l'inexprimable beauté de cette fête du ciel et nous songions aux êtres privilégiés dont la vie s'écoule au milieu de ces prodigalités de la nature. Quelle mélancolie, de penser que bientôt nous devrons rentrer dans les froides régions où nulle poésie extérieure ne vient atténuer les rancœurs de la cruelle lutte pour la vie....

Notre convoi de marchandises s'arrêtait à Gizeh. Nous dûmes attendre une voiture que M. Brugsch voulut bien nous envoyer chercher au Caire et, lorsque nous arrivâmes, nos convives heureusement avertis par la dépêche, nous attendaient depuis deux heures à l'hôtel d'Angleterre.

XVIII

**L Art arabe. — Souvenirs d'Andalousie et de Stamboul.
— Premiéres impressions. — Le musée arabe. — Les
mosquées : Amrou, Touloun, El Azhar, Kalaoun, Hassan.
— Les tombeaux des Mamelucks : Kaït-bay, Barkouk.
— Sebils et portes.**

Pour demeurer absolument sincère, je dois
dire que la première impression produite sur
moi au Caire, par les monuments de l'art arabe,
a été une désillusion.

J'avais encore l'âme remplie des souvenirs de
l'Alhambra de Grenade, de l'Alcazar de Séville,
de la mosquée de Cordoue, les plus chères visions
d'art architectural que j'eusse jamais contem-
plées. O ces heures passées dans le féerique
palais de Grenade, où il me semblait qu'à chaque tournant de porte allait se dresser la silhouette
de quelque fier Abencerrage portant au côté son
cimeterre à la poignée ornée de rubis et de
brillants! Cette Cour des Lions la plus inimitable
fantaisie d'art qu'un cerveau d'homme ait jamais
conçue. Et cet autre jour, à l'Alcazar, où, après
m'être promené au milieu des entrelacs et des

arabesques délicates, avec leurs éblouissantes prodigalités de coloris, sous les portes aux arcs gracieux, je m'étais arrêté dans l'allée du jardin où jaillissent les eaux vives : en fermant alors les yeux, je revoyais si aisément la douce Séville peuplée de Maures à la fois vaillants guerriers et artistes, — la chevalerie de l'Islam — et les palais des mille et une nuits où leurs sultans se reposaient des batailles, dans une vie toute d'amour et de poésie... Et encore, cette gigantesque mosquée de Cordoue, où la piété des Croyants s'égarait dans une forêt de colonnes ravies au culte du Dieu vaincu !

On me disait alors que déjà, cet art mauresque était un art corrompu, décadent — que je retrouverais seulement au Caire la correction des lignes et la pureté du sentiment...

Plus tard, à Constantinople, j'étais demeuré silencieux, à Galata devant les innombrables minarets de Stamboul qui semblent autant de bras tendus vers le ciel pour l'implorer ; j'avais subi la majesté de sainte Sophie, le glorieux vaisseau où s'est empreint le sentiment religieux de deux races puissantes. Stamboul ! Comme ce mot magique parle encore à mon esprit !

Rien de pareil au Caire : sauf la vue inopinée, saisissante, que j'eus des tombeaux des Mamelucks, les mosquées ne me produisirent d'abord qu'une impression de tristesse, devant leur ruine lamentable : certains minarets massifs, enlaidis par l'adjonction de barres de bois, de lourdes constructions où pas un effet d'ensemble n'est demeuré intact, où pas un bibelot d'art, accessoire du culte n'a survécu ; de nouveaux bâtiments remplis d'objets de pacotille, d'anciens, dans un tel état que les gardiens semblent campés au milieu de décombres...

Ce fut au Musée arabe, installé dans l'ancienne mosquée El Hakem, que mes yeux commencèrent à s'ouvrir. J'y vis quelques-unes de ces lampes en verre émaillé, d'une beauté que jamais aucun artiste verrier européen ne put atteindre ; des débris de mosaïques délicates témoignant d'une prodigieuse fertilité d'imagination ; des boiseries incrustées ou découpées comme de la dentelle ; des faïences aux bleus et aux verts inimitables ; des incrustations de métaux précieux d'un dessin admirable, que sais-je encore, cent vestiges témoignant d'une civilisation où l'art décoratif, enfermé dans des limites étroites avait pourtant atteint son apogée. Je lus Makrisi, dont les récits font revivre les incomparables richesses des palais musulmans, où avec l'or, les pierreries, les métaux précieux, les califes saturés de leur toute-puissance avaient cherché à reculer les limites du possible et réalisé de stupéfiantes fantaisies. Maintenant, la clef des beautés de l'art arabe égyptien m'était révélée : je repris mes visites aux mosquées, cherchant dans chacune d'elles des repères pour me donner la vision de ce qu'elle était au temps de sa splendeur : quelques morceaux de marbre disjoints restituaient un pavé de mosaïque ; des fragments d'ivoire ou de nacre plaqués dans un bois vermoulu rappelaient un *mihrab* ou un *menbér* délicatement ouvragé ; les moindres traces, maladroitement lessivées, laissaient deviner les triomphantes peintures de jadis ; à la place des chambranles déjetés, des arcs salis, détériorés, je reconstituais mentalement la pureté des lignes architecturales...

Ainsi jaillit pour moi de ces ruines et de ces décombres, une merveilleuse vision que jamais rien n'effacera plus, un art souvent robuste mais toujours si rempli de grâce et de charme qu'il n'a point été surpassé. Les mosquées du Caire que les touristes superficiels ne comprennent point ou qu'ils admirent sans sincérité, sur la foi des auteurs, devinrent pour moi si vivantes, elles me révélèrent tant de choses, d'abord insoupçonnées, que je serais volontiers demeuré des heures dans l'étude de chacune d'elles, si je n'avais été exaspéré par l'obsession du gardien en quête de backchich. Aux voyageurs qui sauront ainsi se mettre en état de comprendre, le Caire réserve des jouissances inépuisables : cette espèce de Rome musulmane renferme en effet plus de quatre cents mosquées : *gama* (grande mosquée) *madrassa* (école dont la pièce principale est une mosquée), *kanka* (espèce de couvent accompagné d'une mosquée, on les rencontre à chaque pas dans les rues, posées de la façon la plus irrégulière. Il y a encore des *sebil* ou fontaines publiques, quelques maisons particulières et d'anciennes portes qui méritent examen.

Pour procéder avec méthode, il faut commencer la visite des mosquées par celle d'*Amrou*. C'est en même temps une occasion de traverser les ruelles étroites du vieux Caire (*Fostat*) au-dessus desquelles les moucharabies délabrées en se rejoignant, interceptent presque la lumière. La mosquée fut construite par Amrou, général d'Omar, en l'an 21 de l'hégire. A cette époque, les Arabes ne connaissaient d'autre temple que celui de la Kaaba, à la Mecque; c'est sur ce modèle très simple — un carré de 120 mètres, entouré de rangées de colonnes formant galeries couvertes — que furent édifiées la mosquée d'Amrou et la plupart de celles qui suivirent.

Ses 250 colonnes proviennent d'églises byzantines qui furent détruites par les conquérants; piédestaux et chapiteaux ont été rajustés tant bien que mal.

La mosquée de *Touloun* fut bâtie en 213, hors des murs de Fostât; elle paraît avoir été le centre autour duquel s'aggloméra peu à peu le nouveau Caire. On éprouve un serrement de cœur à voir l'état d'abandon de Touloun qui semble au premier abord ne point mériter sa réputation. Mais un examen un peu plus attentif révèle les beautés du vieil édifice. Des piliers, ornés aux angles de demi-colonnes engagées, soutiennent des arcs en ogive qui supportent les nefs : « Entre chaque grand arc ogival, dit le Dr Isambert, est pratiquée une petite fenêtre en fer à cheval. Les grandes ogives sont aussi légèrement étranglées à la base de l'archivolte. Le tout est couronné d'une frise ornée d'arabesques légères. L'inscription de la frise intérieure est en caractères coufiques. Tout cet assemblage d'ornements délicats, d'ouvertures évidées entre les arceaux, donne à ces arcades une élégance et une légèreté incomparables. Lorsqu'on les considère en se plaçant dans une position oblique, de manière que toutes ces travées et toutes ces colonnes s'entrecroisent sous le regard, on obtient un de ces effets de perspective qui ravissent les artistes. » Le *menbèr* en bois incrusté d'ivoire a dû être une merveille d'art décoratif.

On a fait, dans ces derniers temps, beaucoup de louables efforts pour réparer et entretenir la mosquée de Touloun. Les murailles ont été débarrassées de constructions parasites qui les avaient envahies. Du sommet du dernier survivant des quatre minarets, on jouit d'une belle vue sur la ville.

La mosquée d'*El Azhar* — 359 de l'hégire — est la troisième en date. On a cent fois décrit ses colonnes de marbre, de porphyre, de granit, enlevées à des édifices du Bas-Empire. On l'a comparée à la mosquée de Cordoue. Elle est pourtant moins importante, mais elle a, en plus, la vie : qui n'a lu la description de cette Université en plein vent où des jeunes gens venus de toutes les parties du monde musulman suivent les enseignements des plus savants docteurs de l'Islam? Lorsque nous y fûmes, les étudiants étaient pour la plupart en congé ; mais des bandes d'enfants accroupis sur les nattes, autour de vénérables talebs, écrivaient sur des ardoises ou répétaient tous ensemble d'un ton nasillard, des préceptes coraniques.

L'étrange mosquée du sultan *Kalaoun* est

l'une de celles qui ont conservé le plus de vestiges de l'art arabe. J'y ai remarqué les débris presque informes d'un pavé de mosaïque qui dut être une merveille; un plafond à petites coupoles avec des ornements dorés sur fond de couleur, entrelacés de lignes géométriques encore dorées. La porte de l'hôpital du Mouristan qui y confine est du style gothique le plus pur : d'après Makrisi, elle a dû être enlevée à une église chrétienne d'El Akka (saint Jean d'Acre).

La mosquée de *Sultan Hassan* — 757 de l'hégire, est comparable à nos puissantes cathédrales gothiques, par ses dimensions et par la solidité de ses matériaux : le plus élevé de ses deux minarets mesure 86 mètres de hauteur; l'édifice entier a 110 mètres de long. Beaucoup d'objets d'art qui décoraient cette mosquée — un lustre en bronze oxydé, des vases en verre coloré, etc. — ont été mis en sûreté au Musée. Mais il reste encore sur place assez de détails pour permettre de concevoir ce que pouvait être cet admirable monument au temps de sa splendeur. Je signalerai la niche à stalactites qui domine la porte d'entrée, la richesse des marbres, la porte intérieure en bronze, à dessins géométriques, avec détails damasquinés d'or et d'argent, les fenêtres à vitres colorées, le bon goût des ornements, les inscriptions en mosaïque, en bronze, en bois sculpté, etc.

Si ce livre d'impressions avait des prétentions à la nomenclature, je pourrais continuer presque indéfiniment la liste des mosquées dont chacune présente un intérêt particulier : *El Ghouri*, décorée de marbres, avec une porte de tombeau d'une majestueuse beauté, *El Daher*, *El Mansourieh*, *Khalil-el-Achraf*, *El Beybarsieh*, *El Sinanieh*, — 976 de l'hégire — de style turc, qui marque le commencement de la décadence de l'art arabe, etc., etc.

Les tombeaux des Mameluks — appelés encore plus improprement tombeaux des Califes — ne le cèdent point en beauté aux mosquées du Caire. On rejoint l'étrange Nécropole où ils ont été édifiés, par un chemin qui passe entre la citadelle et les montagnes de décombres. Les édifices, d'un ton gris, semblent des excroissances du sol même sur lequel ils furent bâtis; çà et là les taches blanches de plâtre où de stèles abandonnées mettent seules une note particulière dans l'uniformité des murs et des coupoles. Le chemin tourne entre les tristes murailles qui enclosent les tombes; par endroits des pierres tumulaires gisent au milieu et sur les côtés. On a peine à imaginer qu'il existe un ordre quelconque et une division de la propriété dans ces constructions hétéroclites jetées en plein désert. Des gardiens, des fossoyeurs, des croquemorts, toute une population funèbre habitent au milieu de la Nécropole.

Le tombeau de Kaïtbay, construit de 872 à 901 de l'hégire est le plus connu de tous. Pas un voyageur, depuis Pascal Coste jusqu'à Gabriel Charmes, qui n'en ait donné une description. Aussi me contenterai-je de rappeler son minaret incomparable, l'ornementation extérieure géométrique de la coupole; à l'intérieur, les mosaïques de marbre, les plafonds dorés et ornementés, les fenêtres à dessins. *Kaït bay, Sultan Hassan* et *Barkouk* sont assurément les trois monuments qui donnent l'impression la plus complète et la plus pure de l'art arabe.

Le tombeau de *Barkouk* (784 à 801 de l'hégire) est situé à peu de distance de celui de Kaïtbay. C'est le plus vaste des monuments de la Nécropole. C'est aussi, à mon avis, celui qui produirait l'impression la plus vive s'il pouvait être un jour entièrement restauré. Je m'impose à regret de ne point décrire ses vastes cours aujourd'hui si lamentablement en ruines, ses deux coupoles élégantes, ses minarets charmants, son menber d'un travail exquis, véritable dentelle de pierre...

En dehors des mosquées et des tombeaux, le

Caire possède quelques autres vestiges intéressants de l'art arabe, notamment des *sebils* (fontaines publiques) et des portes monumentales. Ces dernières étaient dit-on, au nombre de 71. Celles du Secours — Bab-el-Nasr — et de la Victoire — Bab-el-Fotouh — sont les plus remarquables de celles qui ont survécu. Bab-el-Nasr repose sur un arc de 22 mètres, qui porte, en caractères coufiques, cette inscription :

« *Il n'y a d'autre Dieu que Dieu. Il est le seul et il n'a pas d'égaux. — Mahomet est l'envoyé de Dieu. — Ali est son vicaire. — Que le salut de Dieu soit sur eux* ».

XIX

Les monuments de l'art arabe. — Comité de conservation. — Le musée arabe. — Travaux de conservation et de restauration. — Budget insuffisant. — Quelques vœux.

Quel pays heureux et privilégié, que cette Égypte au ciel bleu qui possède à la fois les monuments de l'antiquité les plus imposants par leurs dimensions gigantesques, et les vestiges les plus purs de l'art arabe dont aucune architecture n'a dépassé l'élégance et la grâce! Mais tandis que, depuis un siècle, les temples antiques ont commencé d'être entretenus, les mosquées abandonnées continuaient de tomber en ruines ou, pis encore, dépouillées, déchiquetées par l'âpre avidité de marchands brutaux, s'en allaient lambeaux par lambeaux enrichir les collections des touristes. Il semblerait que le contraire dût plutôt se produire, car la pieuse race arabe ne s'intéresse-t-elle pas mille fois plus à ses sanctuaires qu'aux restes des idôlatries qu'elle a subjuguées? Aussi n'est-ce pas les indigènes qui depuis près d'un siècle ont apporté tant de sollicitude à la conservation des monuments de l'antiquité; ce sont les Européens et spécialement les savants français dont les noms sont désormais inséparables des vieilles pierres auxquelles ils ont rendu la parole.

C'est une opinion répandue que les musulmans ne reviennent jamais sur un premier effort accompli et qu'il est contraire à leur nature d'entretenir les édifices qu'ils ont bâtis. Pourtant, chaque Calife, Sultan ou Melouk, quand il avait construit un monument pieux, prenait soin de lui affecter perpétuellement des biens dont le revenu devait pourvoir à son entretien. Maisons, bains publics, boutiques, revenus de villages, de villes ou de ports constituaient ces legs pieux : « Que rien n'y soit changé, jusqu'à ce qu'il plaise à Dieu d'hériter de la terre des cieux » dit l'historien arabe Makrizi, rapportant les termes de l'acte de donation dressé par le Calife fatimite El-Hakem-bi-Amr Illah en faveur de la mosquée d'El Azhar. Malheureusement, ces biens affectés à l'entretien des fondations pieuses — bien dits Wakfs — furent d'abord gérés chacun par un nazir spécial qui accordait généralement plus d'importance au bien-être des personnes qu'à la conservation des pierres;

souvent même ces nazirs, convaincus par d'excellents arguments ou simplement négligents, laissèrent les habitations particulières empiéter sur les monuments dont ils avaient la garde. C'est ce qui explique les substructions qui remplissaient, il y a quelques années encore, les galeries de la mosquée de Touloun et les boutiques parasites qui se sont adossées contre la plupart des édifices. On peut même s'étonner qu'un pareil régime n'ait pas amené la destruction plus complète des vestiges de l'ancien art arabe. Ce n'est que vers 1830 qu'on commença de réunir dans une seule main l'administration de plusieurs Wakfs. Le khédive Ismaïl, le premier, eut l'idée de confier la gestion générale des Wakfs à un ministère spécial.

Le 18 décembre 1881, un décret de Thewfik pacha, khédive, créait le *Comité de conservation des monuments de l'art arabe*. Voici ce document intéressant :

Nous khédive d'Égypte,

Sur la proposition de notre ministre des Wakfs, et l'avis conforme de notre conseil des ministres, avons décrété et

Décrétons :

ARTICLE PREMIER

Il est institué sous la présidence de notre ministre

des Wakfs, un comité de conservation des monuments de l'art arabe.

Le Comité se compose de :

LL. EE. MOUSTAPHA FEHMY PACHA,
MAHMOUD SAMI PACHA,

MM. MAHMOUD bey, astronome,
ISMAÏL bey, astronome,
FRANZ bey,
ROGERS bey,
TIGRANE bey,
EZZAT effendi,
YACOUB effendi Sabri,
BAUDRY,
ALI effendi Fehmy,

ARTICLE II

Les attributions du comité sont :

1° De procéder à l'inventaire des monuments arabes présentant un intérêt artistique ou historique;

2° De veiller à l'entretien et à la conservation de ces monuments en avisant le ministère des Wakfs des travaux à exécuter et en lui signalant les plus urgents;

3° D'étudier et d'approuver les projets et plans de réparations de ces monuments et d'observer leur stricte exécution;

4° D'assurer dans les archives du ministère des Wakfs, la conservation des plans de tous les travaux exécutés, et de signaler à ce ministère les débris de monuments qu'il y aurait lieu de transférer, dans l'intérêt de leur conservation, au musée national.

ARTICLE III

Notre ministère des Wakfs est chargé de l'exécution du présent décret.

Fait au palais d'Abdine, le 18 décembre 1881.
MÉHÉMET THEWFIK.

Par le Khédive :
Le président du conseil des ministres,
CHÉRIF.

Le ministre des Wakfs,
MOHAMED ZÉKI.

L'allemand Franz-Bey (plus tard Franz-pacha) directeur du « bureau technique » des Wakfs, paraît avoir eu la plus large part à cette heureuse initiative : quelques-uns des premiers membres du comité s'intéressèrent spécialement à leur mission. Ce sont MM. Rogers bey, Tigrane bey, Ezzat effendi, Baudry, Ismaïl bey, J. Barois, Dr Vollers, puis Grand bey, qui remplit long-temps les fonctions de secrétaire.

Depuis sa création, le Comité de conservation des monuments de l'art arabe, modifié plusieurs fois dans sa composition, n'a cessé de poursuivre assidûment la réalisation de son programme. J'ai sous les yeux les fascicules annuels qui résument ses travaux depuis 1882 (procès-verbaux des séances et rapports des commissions). C'est une œuvre qui mérite l'admiration.

Le Comité a constitué le musée arabe qui est actuellement installé à l'intérieur de la mosquée Hakem. Il renferme beaucoup de fragments peu importants, à côté de quelques pièces uniques. Mais il s'enrichira sans doute et l'on doit espérer qu'il deviendra une collection unique au monde.

La première commission a été véritablement une commission d'exploration : elle a dressé l'inventaire des richesses de l'art arabe en Égypte. La seconde commission, décide, dans la limite des crédits accordés par l'administrateur générale des Wakfs, de l'application de ces crédits. Elle prépare pour l'entretien des monuments, des projets qui sont exécutés par le bureau technique des Wakfs, sur les plans et sous le contrôle de l'architecte du Comité.

De 1882 à 1892 inclusivement, le Comité a dépensé environ 1 100 000 francs sur son budget et 338 000 francs pour le compte des Wakfs soit une moyenne de 130 000 francs par an. C'est bien peu de chose si l'on songe que tout est à faire. Le budget annuel du service des Antiquités est de 260 000 francs et il n'est certes pas trop élevé.

Avec ces modiques ressources, le Comité a

d'abord paré au plus pressé : certains monuments étaient sur le point de périr ; plusieurs s'écroulaient ; d'autres étaient l'objet d'un pillage en règle. Les objets mobiles précieux furent d'abord recueillis et transportés au musée ; en même temps on multipliait les gardiens ; on leur faisait prendre en charge les accessoires et ornementations des monuments ; on ordonnait d'urgence les grosses réparations les plus indispensables. Ensuite, le Comité se livra à un examen détaillé de chaque monument : il détermina ce qu'il importait de conserver, quelles restaurations devraient être commencées, quel en serait le prix ; il entreprit de dégager les monuments des installations parasites qui s'y étaient implantées.

L'agent d'exécution de ce travail est, depuis 1888 un jeune architecte, M. Max Herz, qui remplit ces fonctions avec beaucoup d'initiative, d'intelligence et de dévouement. Il y avait tant à faire au début, simplement pour préserver de la destruction complète la plupart des monuments arabes, que, durant des années, le Comité n'a guère pu entreprendre de véritables restaurations. Cependant, ce travail est aujourd'hui commencé, Kaïtbay, Barkouk à la Nécropole, Moayyed au Caire surtout, ont été l'objet de travaux importants et l'on est en droit d'espérer que dans quelques années les principales mosquées du Caire donneront au visiteur une idée plus saisissante et suffisamment exacte de ce qu'elles étaient aux temps héroïques de l'Islam.

L'organisation actuelle est bonne en somme et le Comité de conservation des monuments arabes peut parfaitement suffire à sa tâche : il faudrait seulement qu'il disposât de ressources plus considérables. Outre les grandes restaurations qu'il pourrait ainsi entreprendre — celle de Sultan Hassan, notamment — il aurait à bâtir un local digne de recevoir le Musée arabe, dont l'installation très insuffisante n'est que provisoire.

Je souhaiterais que le Comité prît l'initiative d'une propagande internationale pour inviter les collectionneurs étrangers à lui faire don des objets qui enrichissaient jadis les cités arabes et qui, enlevés par des mains avides aux époques de décadence, courent aujourd'hui le monde. On pourrait même faire certaines acquisitions dans les ventes, créer à côté de la grande collection d'art arabe pur, des sections mauresque, persane, turque. Le Caire n'est-il pas la place naturelle d'un pareil musée? Combien cela ajouterait encore à sa gloire, et au charme du séjour en Égypte!

Je terminerai par un dernier vœu : c'est qu'une société française se forme pour la publication des documents relatifs aux monuments de l'art arabe. Le Comité a eu la pensée de prendre cette initiative, mais il a reconnu que cela n'entrait point dans ses attributions. Si une telle société se formait, elle serait en tout cas son plus utile auxiliaire et elle rendrait un inestimable service à la cause de l'art.

La plupart des membres de la mission française d'archéologie, créée il y a peu d'années — sur l'initiative de Gabriel Charmes — se consacrent à l'égyptologie. Quelques-uns cependant sont des arabisants : M. Bourgoin a publié un remarquable travail; M. Casanova étudie spécialement la citadelle du Caire. Mais les crédits affectés à ces travaux sont très limités.

XX

La question politique : le problème égyptien. — Le gouvernement de l'Égypte. — Le rôle et les droits de l'Europe. — Situation de fait de l'Angleterre. — Assemblée des notables. — Ministères. — Finances. — Caisse de la Dette. — Intérieur. — Travaux publics. — Guerre. — Justice. — Instruction publique.

Il est impossible de séjourner quelque temps au Caire sans être amené à examiner le problème politique qui s'y pose avec une si dangereuse acuité. Il serait puéril de passer sous silence ce facteur de la vie égyptienne, sous prétexte qu'un volume d'impressions ne comporte pas des sujets aussi brûlants, aussi graves. Il me semble au contraire que ces questions — toutes d'actualité — sont celles qui s'imposent le plus à l'auteur qui écrit pour ses contemporains et non pour la postérité.

J'ai pensé que le meilleur moyen de faire connaître la véritable position du problème égyptien, serait de rapporter purement et simplement les conversations que j'eus sur ce sujet avec les principaux intéressés : un Anglais, un Européen, un Français, un Égyptien. Mes lecteurs auront ainsi je pense un aperçu plus clair et plus impartial de la situation.

Toutefois, pour la clarté même de ces sortes d'interviews, je dois commencer par donner un exposé aussi bref que possible de la situation politique et administrative de l'Egypte. Je n'ai naturellement pas la prétention de le faire complet et impeccable : d'autres ont consacré des volumes entiers à cette entreprise et n'ont pas réussi complètement ; je résume simplement ici les notions générales que je crois indispensables à l'intelligence de la discussion.

Le gouvernement de l'Égypte. — Le pouvoir exécutif et le pouvoir législatif appartiennent, sous la souveraineté du Sultan de Turquie, à un Khédive héréditaire de père en fils. Ces pouvoirs s'exercent en vertu des firmans du Sultan et dans des limites par eux fixés.

Le fonctionnement de ce gouvernement est en outre influencé, en dehors des firmans, par les droits de l'Europe.

Le role et les droits de l'Europe. — Depuis le règne de Méhémet-Ali, l'Egypte a été pénétrée de plus en plus par l'Europe ; des colonies européennes se sont établies à Alexandrie pour y faire le commerce ; des fonctionnaires européens ont été introduits dans les administrations ; enfin des capitaux européens ont souscrit aux emprunts égyptiens. Le développement de ces intérêts, la création du canal de Suez, devenu route de l'Extrme-Orient, la marche des événements, ont amené l'Europe à exercer une action plus directe.

Les droits de l'Europe reposent sur :

1° Les *Capitulations*, qui établissent au profit des Européens les principes de l'inviolabilité du domicile, de l'exemption d'impôt en dehors des taxes douanières, enfin de la soumission à la juridiction consulaire. Les Capitulations ont été largement étendues, en Egypte, par une série d'usages, qui ont servi de précédents rigoureusement suivis.

2° La *Réforme judiciaire* de 1875 qui a établi une juridiction mixte pour connaître des procès entre Européens de nationalités différentes et entre Européens et indigènes.

3° Les *Conventions financières* intervenues entre l'Egypte et les Puissances pour régler la situation des créanciers européens vis-à-vis de l'Egypte et imposer à ce pays certaines règles dans l'administration de ses finances (Loi de liquidation. — Convention de Londres en 1885).

Les Capitulations, la Réforme judiciaire et les

Conventions financières obligent l'Egypte à demander l'assentiment des Puissances en matière financière, en matière de codification judiciaire et de réglementation administrative applicable aux Européens. En matière financière, l'assentiment de ce qu'on nomme les *grandes puissances* (Allemagne, Angleterre, Autriche, France, Italie Russie) suffit. Dans les autres matières, il faut l'assentiment de toutes les puissances qui ont obtenu des Capitulations de la Turquie.

SITUATION DE FAIT DE L'ANGLETERRE. — Le gouvernement du Khédive ne devrait être régi que par les firmans et par les conséquences légales des droits de l'Europe.

En fait, il subit profondément l'intervention de l'Angleterre. L'insurrection d'Arabi en 1882 a amené l'occupation anglaise qui a donné au Foreign Office une part prépondérante dans le gouvernement et l'administration du pays. Ceci est une circonstance passagère qui ne dérive d'aucun droit et n'en crée aucun, le gouvernement britannique lui-même l'a proclamé.

Je vais maintenant montrer comment fonctionnent le gouvernement et l'administration en Egypte sous l'influence des droits de l'Europe et de la situation de fait de l'Angleterre.

ASSEMBLÉE DES NOTABLES. — Lord Dufferin provoqua, en 1883, la réorganisation d'une assemblée générale indigène. Il fut décidé qu'elle se réunirait tous les deux ans et qu'elle serait représentée dans l'intervalle par une délégation formant le Conseil législatif, qui se réunirait tous les deux mois.

En fait, cette assemblée et ce Conseil ne jouissent d'aucune autorité. C'est à peine si on les consulte.

MINISTÈRE. — L'administration de l'Egypte incombe en droit au ministère égyptien choisi par le Khédive. Les départements sont les suivants : Intérieur, Instruction publique, Travaux publics, Affaires étrangères, Guerre, Justice, Finances.

En fait l'administration est presque entièrement dirigée par les sous-secrétaires d'Etat anglais et par les autres chefs de service anglais. Certains départements — guerre, finances, travaux publics — échappent entièrement à l'influence indigène.

FINANCES. — Lors de la faillite de l'Egypte, les différentes Dettes furent réparties, par une série d'arrangements successifs, entre divers emprunts :

La *Privilégiée* est garantie par les chemins

de fer qu'administre un triumvirat anglo-franco-égyptien (1).

La *Domaniale*, garantie par les domaines de l'Etat, administrés de la même façon (2).

La *Daïra Sanieh*, garantie par les biens de la famille khédiviale. Même administration.

L'*Unifiée*, à laquelle sont venus s'ajouter plusieurs emprunts postérieurs : emprunt *garanti*, etc. L'*Unifiée* et les emprunts postérieurs, sont garantis par les revenus de plusieurs provinces, affectés au service de la Dette. Ces revenus sont encaissés et administrés par la Caisse de la Dette, laquelle comprend un délégué de chacune des grandes puissances (3).

Caisse de la Dette. — La Caisse de la Dette, de par sa situation même, joue en Égypte un rôle considérable : non seulement elle veille au service du coupon et de l'amortissement, mais elle a le droit de contrôler tous les actes du gouvernement égyptien, en tant qu'ils pourraient porter atteinte aux droits des créanciers et aux conventions existantes. La loi de liquidation et la convention de Londres de 1885 ont en effet fixé les

(1) Actuellement MM. Halton, Prompt et Boghos-Nubar pacha.
(2) Actuellement MM. Gibson, Boutron, Chekib pacha.
(3) Actuellement MM. Georges Louis (France), Yonine (Russie), Money (Angleterre), Morana (Italie), comte Zalewski (Allemagne), baron Richthofen (Autriche).

limites dans lesquelles le gouvernement égyptien pouvait se mouvoir en matière financière; ils ont établi les règles de l'organisation des finances et fixé le chiffre des dépenses autorisées. Tout acte comportant modification à ces arrangements doit être soumis à l'assentiment des puissances.

En droit, l'Égypte représente donc assez exactement, au point de vue financier, une société par actions dont le ministre des finances serait le directeur et la Caisse de la Dette le conseil d'administration, avec cette réserve que l'Europe s'est réservée le droit exclusif de modifier les statuts.

Divers emprunts ont été convertis à des époques récentes : l'Europe s'est réservé le droit de contrôler l'emploi des économies qui en résulteraient.

Des fonds de réserve ont été créés en 1888, sous le prétexte de parer à des déficits éventuels provenant des crues défectueuses : il a été convenu que l'amortissement serait supprimé jusqu'à ce que le fonds de réserve général atteignît deux millions de livres.

L'Angleterre a placé auprès du ministre des finances un « conseiller financier » anglais (1) dont le rôle légal devrait se borner à donner

____

(1) Actuellement sir Elwyn Palmer.

des avis, mais qui s'efforce de jouer un rôle de plus en plus prépondérant dans l'administration.

Intérieur. — Au point de vue de l'administration intérieure, l'Égypte est divisée en moudiriehs et gouvernorats. Le moudir administre sa province et y perçoit les impôts.

Les services de la police (1), des travaux publics et de l'hygiène publique, ne relèvent pas des moudirs : ils sont autonomes et dirigés par des Anglais.

Travaux publics. — La question de l'irrigation absorbe presque exclusivement le service des travaux publics ; les irrigations sont dirigées par des ingénieurs anglais.

La création des barrages a facilité l'irrigation du Delta et d'une partie de la Moyenne Égypte, ce qui permet la culture du coton et de la canne à sucre, plus rémunératrices que celle des céréales.

L'irrigation de la Haute-Égypte est liée à la question des réservoirs qui est fort discutée en ce moment.

Guerre. — L'armée égyptienne comprend

---

(1) Une récente décision (novembre 1894) a rattaché au contraire les services de police, dans chaque province, au moudir qui la gouverne.

En même temps que le service spécial de police était supprimé, on créait un poste de conseiller anglais auprès du ministre de l'intérieur. Ce conseiller — M. Gorst — n'assistera pas au conseil des ministres et ne pourra prendre aucune mesure d'exécution.

14 000 hommes dont les officiers supérieurs sont anglais ; étant donnée la situation des puissances en Égypte, cette armée n'a d'autre raison d'être que de défendre les frontières du sud contre les incursions des mahdistes.

En fait, l'Angleterre s'efforce de faire de l'armée égyptienne une force auxiliaire destinée à appuyer le corps d'occupation.

Justice. — En matière de statut *personnel* :·

Les Européens sont jugés par leurs consuls respectifs ;

Les chrétiens rayas par leurs patriarches respectifs ;

Les musulmans par les cadis des mékhémès.

En matière de *statut réel :*

Les Européens de même nationalité sont jugés par leurs consuls ;

Les Européens de nationalité différente par les. tribunaux mixtes ;

Les Européens contre indigènes, par les tribunaux mixtes ;

Les indigènes, par les tribunaux indigènes.

Les tribunaux mixtes et indigènes appliquent les codes mixtes et indigènes, tous les deux calqués sur les codes français.

Instruction publique. — L'instruction religieuse est donnée à l'université d'El Azhar, qui fournit

les ulémas, c'est-à-dire les cheicks et les cadis,
les prêtres et les juges ; de nombreuses écoles
coraniques sont établies dans le pays.

L'instruction laïque est donnée par des établis-
sements scolaires dirigés par des professeurs
français, anglais et indigènes. Le couronnement
de l'éducation scolaire est le baccalauréat égyptien ; il existe des écoles de Droit, de Médecine,
Polytechnique, des Arts et Métiers, etc. Il faut citer
en outre des écoles libres françaises, américaines
(dans la Haute-Égypte) italiennes et grecques,
qui répandent largement l'instruction. Environ
12 000 enfants suivent les écoles françaises. On
passe le baccalauréat français à Alexandrie (1).
Il existe une école française de Droit au Caire.

La direction du service des Antiquités est
toujours demeurée dans des mains françaises.
Le gouvernement français entretient en outre au
Caire un institut archéologique, constitué sur le
modèle de l'école d'Athènes.

(1) A ce propos j'ai entendu exprimer le regret, qui semble
justifié, que le diplôme de baccalauréat français ne puisse être
accordé qu'à des élèves qui ont passé par certains établisse-
ments religieux déterminés. Pourquoi ne pas le délivrer à tout
élève de n'importe quel établissement qui prouve par l'examen
qu'il en est digne ? Cette disposition maladroite est de nature à
écarter du diplôme français certains élèves qui, pour une raison
ou pour une autre, ne veulent point suivre les cours des éta-
blissements religieux.

XXI

Entretien avec un gentleman anglais.

Je rencontrai d'abord dans les salons de l'hôtel Shepheard, un gentleman anglais que je connaissais depuis longtemps pour un galant homme et un esprit distingué. Le soir, en fumant un cigare, nous abordâmes le « sujet brûlant » :

« Je ne vous cacherai point, lui dis-je, que votre nation ne me paraît point jouir ici d'une grande popularité. Depuis mon arrivée, j'entends répéter pis que pendre du rôle que vous jouez dans ce pays.

— Mon Dieu, ce sentiment est assez naturel et s'explique, pourvu que vous ne me disiez pas que vous avez entendu ce langage chez des Anglais. Nous avons en effet, pris ici la place prépondérante que la France occupait jadis, et il est naturel que les Français n'en soient point satisfaits. Cela excite-t-il une certaine jalousie parmi les nationaux des autres puissances européennes? Peut-être. Ce ne serait pas, dans tous les cas, un très beau sentiment. Quant aux

Égyptiens, ils nous détestent, non parce que nous sommes Anglais, mais parce que nous sommes chrétiens. Si tout autre peuple européen occupait notre situation, il serait également détesté.

— Dam! s'il était le maître d'un peuple qui veut devenir libre?

— Ce désir ne serait naturel que si ce peuple en était digne. Mais demandez aux créanciers de l'Égypte s'ils consentent à laisser les Égyptiens gérer leurs propres finances. Demandez aux Européens qui habitent en Égypte s'ils accepteraient le gouvernement sans contrôle des Égyptiens, la justice égyptienne, etc.

— Il ne s'agit pas de cela. Tout le monde, les Égyptiens eux-mêmes, admet la nécessité d'un contrôle européen. Mais pourquoi ce contrôle serait-il spécialement anglais?

— Pourquoi? Demandez-le à M. de Freycinet... Pourquoi nous a-t-on, en 1882, laissé la responsabilité de rétablir l'ordre en Égypte? C'est ce qui a créé la situation actuelle.

— Oui, mais vous vous étiez engagés à quitter l'Égypte une fois l'ordre rétabli. C'est un engagement que votre gouvernement a contracté à diverses reprises.

— Et c'est même — sauf peut-être quelques

exceptions — un engagement que nous avons l'intention de tenir. Seulement nous choisirons le moment. Tous les Égyptiens semblent maintenant coalisés contre nous, les « jeunes » comme les « vieux »; mais si nous disparaissions demain, ils se déchireraient entre eux.

— On assure que vous ne faites rien pour rapprocher le moment où votre présence ne serait plus indispensable?

— Comment, nous ne faisons rien! Est-ce que les finances ne sont pas bien administrées? Est-ce que l'armée égyptienne n'est pas réorganisée? Est-ce que nous n'avons pas fait des travaux publics de tout genre?

— On prétend que tout cela est la conséquence naturelle du jeu du contrôle européen, de l'ancien condominium, qui est l'origine de tous ces progrès. On affirme que l'occupation ne se traduit guère que par une énorme augmentation de dépenses, tant il y a d'Anglo-Égyptiens à rétribuer, à largement rétribuer. On ajoute même que c'est une des raisons principales du maintien de l'occupation — raison peu noble et peu désintéressée.

— Cela n'est pas exact. Dans les administrations civiles, il y a encore deux Français pour cinq Anglais en moyenne.

— Voici une observation que j'ai souvent entendu faire : « Les Anglais prétendent qu'ils sont fidèles à leurs engagements et qu'ils quitteront l'Égypte quand ils jugeront pouvoir le faire sans danger. Il est fâcheux que tous leurs actes soient en contradiction avec ces assurances. Tous leurs actes semblent indiquer qu'ils visent une occupation permanente, une sorte de protectorat. Par exemple, s'ils voulaient réellement éduquer l'Égypte et non l'asservir, comment expliquer leur conduite vis-à-vis du khédive. Ils ne peuvent nier que le jeune prince ne soit un véritable homme d'État, sage, réfléchi; ils ne peuvent lui reprocher aucune faute de conduite, pourquoi, dans toute circonstance, cherchent-ils à l'humilier, à diminuer ses prérogatives? Pourquoi des incidents comme celui de la frontière où tous les torts sont évidemment du côté des Anglais? »

— Non pas. Si l'on a agi comme on l'a fait vis-à-vis du khédive, c'est qu'il faut penser qu'il n'y a qu'une trentaine d'officiers anglais dans le sud pour commander à tous les contingents égyptiens. Leur prestige fait leur seule force...

— ... peut-être aussi les bataillons anglais du Caire...

— ... il ne faut pas le laisser entamer. C'est

pourquoi le général Kitchener a pris si vivement leur défense.

— Tout cela est très spécieux, mais si l'Angleterre voulait réellement évacuer l'Égypte, elle aurait certainement arrangé les choses pour que ce fut possible dès maintenant.

— Pourquoi? N'avions-nous pas préparé avec le sultan la convention Drummond Wolff qui nous obligeait à évacuer dans les trois ans? N'est-ce pas la France et la Russie qui l'ont empêchée d'aboutir.

— Parbleu! vous vous réserviez le droit de réoccuper en cas de danger intérieur ou extérieur. C'est vous qui auriez été seuls juges de ce danger et vous seriez revenus non plus dans une position illégitime, comme maintenant, mais de par un contrat signé des Puissances.

— Quoiqu'il en soit, monsieur, la question est ainsi posée : en 1882, l'émeute était maîtresse en Égypte; elle menaçait la sécurité des étrangers. Cela pouvait aussi menacer la route des Indes qui a pour nous un intérêt capital. Nous avons offert à la France d'intervenir avec nous. Elle n'a pas accepté. Nous sommes intervenus seuls à nos risques et périls. Nous avons par là même assumé la responsabilité de ce qui se passe en Égypte. Nous avons dit que nous évacuerions ce pays quand cela ne présenterait aucun danger. Nous sommes maîtres de déterminer le moment. Jusqu'à ce que nous ayons fait une déclaration contraire, nul ne sera en droit de nous accuser de mauvaise foi. Et toutes les petites intrigues, toutes les mauvaises volontés qui se donneront carrière ici n'auront guère de portée.

— Permettez-moi encore une question : si la présence des Anglais en Égypte a eu pour résultat d'améliorer la situation intérieure, pourquoi avez-vous jugé nécessaire d'augmenter le corps d'occupation, l'année dernière ?

— Lord Rosebery, notre premier ministre, en a fourni à ce moment les raisons (1).

(1) Voici le passage intéressant de la dépêche à laquelle mon interlocuteur faisait allusion :

« En premier lieu, c'est un fait qu'aussi longtemps que le drapeau anglais flottera en Égypte, nous serons considérés comme responsables de l'ordre public.

« Si des troubles éclataient, on nous demanderait compte des pertes éprouvées par les sujets d'autres puissances résidant en Égypte, ce qui serait une affaire grave. Il est aussi nécessaire de remarquer que, dans un moment d'agitation populaire, une insulte pourrait être faite à l'uniforme anglais ou au drapeau anglais, ce qui rendrait nécessaire une intervention d'un caractère très différent et plus formidable, laquelle, évidemment, pourrait élever la question égyptienne jusqu'à sa phase la plus aiguë.

« En outre, le gouvernement égyptien a, tout récemment, demandé aux puissances leur consentement pour une augmentation de 2 000 hommes de l'armée indigène ; cette requête a été repoussée. Presque simultanément, les Derviches envahissaient l'Égypte, et cette invasion a eu pour conséquence une lutte sanguinaire dont l'issue a été douteuse, entre les troupes

— J'admets, comme vous le disiez tout à l'heure, que les incidents qui pourront se produire en Égypte en temps normal ne modifieront guère votre situation. Ils vous rendront la vie plus dure, voilà tout. Mais vous avouerez cependant que les convulsions qui secouent en ce moment ce pays pourtant si paisible, la colère des indigènes et des colonies européennes, l'espèce d'affolement de brutalité qui a saisi vos gens, accusent bien nettement la position précaire que vous occupez ici et que vous ne pouvez parvenir à consolider. Il est indéniable d'autre part, que votre présence ici constitue un danger permanent pour votre politique extérieure. J'avoue ne pas voir très clairement l'avantage que vous trouvez à prolonger une situation qu'il serait si facile de dénouer.

— Ah ! cette fois, je suis de votre avis : C'est ici que nous sommes vulnérables, je l'avoue et

du khédive et celles du khalifat. Toutes ces circonstances : la nécessité de prendre des précautions contre les troubles, l'agitation renaissante chez les Derviches et le refus d'augmentation de l'armée égyptienne, ont amené le gouvernement de Sa Majesté à examiner de plus près l'état de ses forces — car je ne pourrai pas appeler cela une armée — qui a été réduit à la plus faible limite possible, et, comme en général, il est préférable de prévenir un mal que d'avoir à le guérir, le gouvernement a décidé d'augmenter de deux bataillons l'effectif des troupes d'occupation, s'élevant actuellement à environ 3000 hommes. »

c'est ici que tout le monde viendra nous attaquer. C'est l'Égypte qui a tant contribué à unir la France à la Russie ; c'est elle qui est en train de rapprocher la France et l'Allemagne ; c'est elle qui cause la dépression chaque jour plus grande de notre influence à Constantinople ; c'est elle qui nous a séparés de vous, qui vous a rendus peu conciliants dans l'affaire du Siam, au Congo, à Madagascar ; c'est elle enfin, qui domine aujourd'hui toute la politique de l'Europe. Tout cela est dangereux, très dangereux, il n'y a pas un Anglais qui ne le comprenne, et peut-être beaucoup de mes compatriotes regrettent-ils au fond la politique qui nous a amenés sur les bords du Nil. Mais à l'heure actuelle, nous y sommes. Comment voulez-vous que nous en sortions ? Si vous pouvez m'indiquer un procédé qui ménage à la fois notre amour-propre et notre prestige en Orient, cela me fera plaisir. Cela eût été facile, il y a dix ans ; nous n'avions pas encore cherché à prendre racine, à établir notre domination. Depuis, nous l'avons tenté, et, malheureusement, nous avons échoué : la semence britannique est restée dans le sol parce que nous l'y avons maintenue par la force, mais le sol égyptien s'est refusé à la faire germer. C'est d'ailleurs votre faute : on n'a pas, en matière de politique extérieure, les hésitations que votre gouvernement s'est permises : un moment, votre Parlement, votre presse, tonnent contre les entreprises lointaines ; puis, tout à coup, revirement complet, enthousiasme déréglé pour ces mêmes entreprises. Comment savoir sur quel pied danser avec vous, d'autant que vos nationaux, créanciers de l'Égypte, nous exprimaient leur satisfaction au sujet des résultats produits par l'occupation et nous promettaient d'insister auprès des pouvoirs publics pour son maintien. Nous nous sommes cru les mains libres et nous avons usé de la latitude que vous paraissiez nous laisser. C'était assurément un malentendu, mais encore une fois comment faire maintenant ? Quel parti anglais au pouvoir voudra risquer, en évacuant l'Égypte, de placer entre les mains de ses adversaires un si bel argument d'opposition ? »

XXII

Entretien avec un homme politique autrichien. — Le point de vue allemand.

Je rencontrai au Caire un personnage politique autrichien fort au courant de la question égyptienne. Il me parut qu'il pourrait me donner un avis qui refléterait assez exactement l'opinion des puissances européennes moins directement intéressées que la France et l'Angleterre :

« La question, me dit-il, nous apparaît sous un angle extrêmement simple. Il y a en Égypte, actuellement, par suite de l'attitude passée de la France, seulement trois intérêts : l'intérêt turc ou égyptien, — c'est tout un — l'intérêt anglais, l'intérêt européen. Ce dernier est le nôtre et si nous ne prenions point sa défense, nous nous sacrifierions nous-mêmes. Au point de vue *légal*, les six grandes puissances ont en Égypte des droits égaux. Voilà la doctrine. Au point de vue des faits, l'Angleterre a pris une position privilégiée — mais elle a déclaré en même temps que cette situation était transitoire, exceptionnelle, qu'elle finirait dans un temps qui ne peut être indéfiniment reculé. Nous avons pris acte de cet engagement et notre politique en Égypte sera d'autant moins bienveillante à l'égard de l'Angleterre qu'elle nous semblera moins disposée à le tenir. Il pourra même arriver un moment où notre insistance deviendra aussi formelle et aussi pressante que celle de la France.

« Je laisse de côté la position qu'occupe la France en Égypte; on peut vous accuser de mauvaise humeur, dire que vous avez le ressentiment de vos propres fautes; supposer que vous poursuivez pour vous-même ce que vous blâmez chez les autres. Je ne tirerai pas argument de l'attitude de la Russie, que les circonstances obligent à conformer sa politique à la vôtre; je laisse également de côté l'attitude de l'Italie que le Foreign Office a réussi à faire entrer dans l'orbite de sa politique méditerranéenne. Mais quelle raison l'Allemagne et l'Autriche auraient-elles de faire abandon au profit de l'Angleterre d'une partie de l'influence à laquelle elles ont droit en Égypte? Le Nil, pour certaines raisons, le canal de Suez, pour d'autres, sont devenus des pays internationaux, dont la neutralisation s'impose. Les garants naturels, indiqués, de cette neutralité sont les six grandes puissances représentées à la Caisse

de la Dette. Il doit exister entre elles un équilibre que la situation de fait de l'Angleterre rompt
en ce moment — spécialement au point de vue
financier. Toute notre politique doit être de tra-
vailler au rétablissement de cet équilibre.

— On dit en effet que le représentant de
l'Allemagne, qui ne saurait cependant être suspect
de francophilie, a ici une politique presque conforme à celle de l'Agence française?

— Assurément. Comment pourrait-il en être
autrement? Croyez-vous qu'il soit indifférent à
l'Allemagne qui possède maintenant d'importantes colonies en Océanie et sur la côte orientale
d'Afrique, à l'Allemagne qui a de gros intérêts
en Chine, de voir le canal de Suez entre les
mains de l'Angleterre? Et quelle sécurité peuvent avoir les puissances au point de vue de la
neutralité du canal, lorsqu'il y a au Caire des
milliers de soldats anglais que des trains peuvent,
en quelques heures, transporter dans l'ithsme?
Croyez-vous, d'autre part, alors que l'Égypte
peut demeurer ouverte à l'activité de nos nationaux, que nous soyions disposés à la laisser
devenir un pays anglais, dont il y aurait cent
moyens de nous écarter? Non, c'est inadmis-
sible. L'Angleterre a pris des engagements, elle
les tiendra : le fait même qu'elle les a pris de

son plein gré enlèvera d'ailleurs à l'évacuation tout caractère blessant pour sa dignité. Cette dignité ne serait au contraire atteinte que si un grand peuple comme l'Angleterre manquait à la fois à la mission éducatrice qu'il s'est si souvent attribuée et aux engagements solennels qu'il a pris devant le monde. D'ailleurs l'occupation égyptienne deviendra pour l'Angleterre une telle source de difficultés dans l'univers qu'elle n'aura pas intérêt à la perpétuer. Si le différend existait seulement entre la France et l'Angleterre, le Foreign Office pourrait espérer s'établir définitivement en Égypte, à la faveur d'un conflit européen où la France serait engagée. Mais ce n'est plus seulement la France qui est intéressée à l'intégrité des droits du Sultan, à l'autonomie de l'Égypte, ce sont toutes les nations et lors même que par extraordinaire une conflagration européenne laisserait momentanément les mains libres à l'Angleterre, elle se retrouverait, la crise passée, en présence du même *veto* européen... »

XXIII

Entretien avec un diplomate français.

Je n'avais que l'embarras du choix pour obtenir une opinion *française* autorisée sur le problème égyptien. Je rendis visite quelque temps après mon retour en France à un diplomate qui fut à un moment donné — je n'indiquerai pas lequel, — chargé de traiter nos affaires au Caire.

— La politique française en Égypte est tellement simple, tellement nette, me dit-il, que je ne vois aucun inconvénient à vous donner mon opinion, parce que cette opinion est actuellement chez nous celle de presque tous les citoyens et parce qu'elle a été exprimée dans cent documents publics. Mais vous me permettrez d'abord de préciser la position actuelle de l'Angleterre en Égypte.

« L'intervention de l'Angleterre en Égypte, en 1882, pouvait être l'exercice d'un *droit* : celui qu'a toute puissance civilisée de protéger ses nationaux quand les autorités d'un pays sont impuissantes à pourvoir elles-mêmes à leur sécurité.

L'Angleterre pouvait aussi, dans une certaine mesure, revendiquer le droit de prendre des mesures garantissant la sécurité en Égypte dans l'avenir.

« Mais il est évident que ces mesures toutes provisoires et occasionnelles eussent changé de nature et fussent devenues des attentats aux droits des Égyptiens, de la Turquie et des autres puissances, si elles eussent pris le caractère d'un protectorat plus ou moins avoué.

« Le gouvernement britannique l'a compris ainsi, et c'est pourquoi il a, dès le premier moment, contracté vis-à-vis de l'Europe l'engagement solennel d'évacuer l'Égypte dès que l'ordre y serait rétabli. Si vous le voulez bien, nous allons parcourir la série des Livres Jaunes de 1881 à 1894 et vous constaterez que cette doctrine a été, depuis le début et jusqu'aujourd'hui, sans qu'il y ait eu jamais la moindre variation, la doctrine officielle du gouvernement anglais.

« Voyons d'abord le Livre Jaune de 1881.

Livre Jaune de 1881.

« Dans une lettre du 17 octobre 1881, adressée par M. Barthélemy Saint-Hilaire, alors ministre des affaires étrangères à M. Sienkiewicz agent de France au Caire, le vieil homme d'État définit avec une admirable hauteur de vues, le rôle des deux grandes puissances en Égypte.

Paris, le 17 octobre 1881.

« J'ai lu vos dernières dépêches avec grande attention et avec un vif intérêt. La prépondérance incontestable de la France et de l'Angleterre en Égypte tient à des causes d'une force irrésistible. La France a, dans ce pays, comme dans toute cette partie de l'Orient, des traditions séculaires qui lui ont constitué un prestige et une autorité qu'elle ne peut pas laisser s'amoindrir. À la fin du siècle dernier, notre expédition moitié scientifique, moitié militaire, a ressuscité l'Égypte qui, depuis lors, n'a pas cessé d'être l'objet de notre sollicitude et de celle de l'Europe. C'est un officier français qui a organisé l'armée égyptienne sous Méhémet Ali; en 1840, la France risquait une guerre européenne pour soutenir les droits du vice-roi. Quinze ans après, elle a entrepris et achevé en quelques années le canal de Suez qui a ouvert une voie nouvelle au commerce de l'univers; et le développement prodigieux du trafic qui y passe déjà prouve combien cette œuvre était utile. Enfin la France a, sur toutes les parties du sol égyptien, une colonie très nombreuse qui a droit de compter sur la protection la plus efficace.

« L'Angleterre a, de son côté, une position qui, sans être identique, n'est pas moins considérable. Si sa colonie n'est pas, à beaucoup près, aussi nombreuse, si sa part n'est pas aussi importante dans l'œuvre du canal de Suez, c'est elle qui en forme presque toute la clientèle, puisque ses bâtiments de toute sorte qui y passent composent à peu près les quatre cinquièmes du trafic total. De plus, le canal qui joint la Méditerranée à la Mer Rouge est désormais pour la Grande-Bretagne la voie indispensable qui la met en rapport avec cette incomparable colonie de 250 000 000 de sujets qu'elle possède dans les Indes.

« On peut donc dire que la France et l'Angleterre, tout en ayant en Égypte des intérêts de nature fort différente, y ont pourtant des intérêts égaux; et de là vient pour les deux pays la nécessité impérieuse de s'accorder pour la défense de ces intérêts. Les deux puissances protectrices de l'Égypte ne sauraient lui manquer sans se manquer essentiellement à elles-mêmes, sans manquer à la civilisation et à l'humanité.

« Ces vérités qui doivent éclater à tous les yeux se manifestent depuis quelques années par la restauration inespérée des finances égyptiennes, à laquelle les deux puissances ont concouru dans une égale proportion. Les contrôleurs généraux anglo-français ont rétabli le crédit et fait renaître une confiance qui promet à un pays presque ruiné une prospérité de plus en plus étendue. Pour les créanciers européens de l'Égypte, c'est une fortune qu'ils n'attendaient plus. Ces créanciers sont surtout anglais et français; mais les autres nations avaient pris part aussi aux emprunts de l'ex-khédive, et par conséquent, ce ne sont pas l'Angleterre et la France seules qui profitent de ces excellents résultats.

« Cet exemple de la restauration financière n'est pas le seul que l'on puisse citer, mais il suffit pour démontrer tout ce que peut produire la bonne intelligence de deux nations puissantes et civilisées, si elle s'applique avec la même énergie et la même impartialité à d'autres objets et à d'autres branches de l'administration publique.

« Ces considérations supérieures et décisives doivent tracer aux agents de la France et de l'Angleterre la ligne de conduite qu'ils ont à suivre dans leurs rapports mutuels et dans leurs rapports avec le gouvernement khédivial. Bien comprises et bien appliquées, elles doivent prévenir bien des luttes et adoucir bien des froissements qui peuvent naître dans les affaires et les incidents de chaque jour. Le but auquel doivent tendre les agents des deux pays, c'est de toujours maintenir la balance égale et de faire à la concorde indispensable tous les sacrifices qu'elle exige. Il faut tâcher que, dans tous les services auxquels participent les Anglais et les Français, la part soit identique autant que possible; et quand, par la nature des choses, elle ne peut pas l'être, il faut au moins que des compensations équitables rétablissent l'équilibre. Il ne doit pas y avoir de rivalités; il ne doit y avoir qu'un concours sympathique et une émulation qui rapprochent les personnes loin de les diviser.

« Les deux nations, outre leurs intérêts propres, ont un devoir éminent à remplir envers le peuple égyptien; et pour elles, ce doit être là une obligation sérieuse pour s'unir de plus en plus étroitement. On ne peut se dissimuler que depuis plus de soixante ans que la civilisation pénètre sous toutes les formes en Égypte, elle y a déposé des germes qui s'accroissent de jour en jour et qui ne peuvent manquer de se développer. Il ne nous serait pas aisé de juger d'ici quelle est au juste la puissance de ces aspirations légitimes ni comment on pourrait les satisfaire. Mais ces aspirations sont trop réelles, et à certains égards trop justifiées pour qu'on puisse les négliger ni surtout songer à les étouffer. Ce qu'est précisément le parti dit national en Égypte, de quels éléments il se compose, quelles sont ses demandes raisonnables, comment peut-on y faire droit ? c'est là ce que doivent spécialement nous apprendre nos agents, qui, placés sur les lieux, voient les choses de plus près et sont les seuls à les bien voir. C'est une étude à laquelle vous vous appliquez avec le zèle le plus intelligent, et qui vous mettra à même de nous fournir les lumières qui nous manquent. La réunion des Notables, qui aura lieu dans deux mois, vous offrira une occasion précieuse dont vous saurez faire usage.

« Mais quels que soient les progrès qu'a faits l'Égypte depuis un demi-siècle, il est de la dernière évidence que, pour se gouverner elle-même, elle a besoin longtemps encore de la tutelle de la France et de l'Angleterre. Par elle seule, elle ne pourrait surmonter les difficultés de tout genre qui s'opposent à sa régénération et qui ne peuvent pas disparaître au gré de désirs impatients et peu réfléchis. La réforme sera longue et pénible ; mais si quelque chose peut en hâter la marche et en garantir le succès, c'est certainement l'intervention de deux peuples fort éclairés dont l'expérience peut tant profiter à un peuple moins avancé. C'est un rôle que la France et l'Angleterre ont assumé déjà en partie et qu'elles sont forcées d'assumer tous les jours davantage. Plus l'Égypte sera riche, tranquille, régulièrement administrée, plus les deux nations qui lui auront procuré tous ces biens seront engagées à continuer leur œuvre. La prospérité de l'Égypte n'a rien d'incompatible avec la coopération de la France et de l'Angleterre ; et c'est dans cette prospérité même qu'elle pourra trouver plus tard l'indépendance administrative à laquelle elle vise.

« BARTHÉLEMY-SAINT-HILAIRE. »

« N'êtes-vous pas frappé de la clarté, de la précision des définitions que contient cet exposé magistral et de l'accent de profonde loyauté qui s'en dégage ? Dans tous les documents qui suivent on retrouve la même noblesse de langage, le même parti pris de justice, d'équité.

« D'ailleurs lord Granville « principal secrétaire d'État de Sa Majesté Britannique » était alors dans le même état d'esprit. Voici par exemple la dépêche qu'il adressait le 4 novembre 1881 à sir E. Malet « agent et consul général d'Angleterre en Égypte » :

« Je désire exposer nos vues afin de parer à la mésintelligence et aux dangers que les malentendus pourraient engendrer. *Le seul but de la politique anglaise a été d'assurer à l'Égypte la prospérité et la pleine jouissance de la liberté que leur ont accordée les firmans impériaux successifs.* La prospérité de l'Égypte, comme celle de tout autre pays, dépend du progrès et de la bonne condition du peuple, et pour cette raison nous avons, en toute occasion, insisté auprès du khédive sur la nécessité de mesures efficaces, capables de remplacer graduellement l'état d'oppression du peuple par l'aisance et la sécurité...

« Vous m'avez informé que l'impression générale en Égypte est que Riaz pacha a été spécialement soutenu par l'Angleterre, et n'avait été soutenu par le khédive que dans la crainte d'offenser le gouvernement anglais. On ne saurait trop répéter que l'Angleterre ne désire l'établissement d'aucun cabinet ayant le caractère de parti en Égypte. Un tel ministère, fondé sur l'appui d'une puissance étrangère et l'influence personnelle de son agent diplomatique, serait mal placé pour servir le pays et le gouvernement dans l'intérêt desquels on le supposerait établi; il ne tendrait qu'à détacher la population indigène de son souverain et à engendrer des intrigues funestes au salut de l'État.

« Je suis heureux, du reste, de pouvoir rappeler que vous avez compris et strictement rempli votre devoir en donnant à Riaz pacha l'appui loyal qui était dû à un ministre choisi par le khédive.

« *Il est à peine nécessaire que j'insiste sur notre désir de maintenir l'Égypte en possession de l'indépendance administrative qui lui est assurée par les firmans impériaux.* Ce désir n'est pas difficile à prouver et a été mis en évidence par les événements récents. Le gouvernement britannique est, à ce point de vue, à l'abri de tout soupçon. Mais, d'autre part, nous sommes convaincus que le lien qui unit l'Égypte à la Porte est la meilleure garantie contre une intervention étrangère. Si ce lien venait à être rompu, l'Égypte pourrait se trouver, à un jour peu éloigné, en proie à des ambitions rivales.

« *Le but de l'Angleterre est donc de maintenir ce lien. L'anarchie en Égypte pourrait seule la faire départir de la politique que nous venons d'indiquer*, et nous comptons sur le khédive, sur Chérif pacha et sur le bon sens de la nation égyptienne pour éviter une catastrophe de ce genre.

« On peut être parfaitement convaincu en Égypte qu'aussi longtemps que l'Égypte continuera à marcher dans la voie du progrès paisible et légitime, ce sera le plus sincère désir du gouvernement britannique de continuer à réaliser un résultat heureux.

« Nous avons tout lieu de croire que la France continuera à être animée des mêmes vues que l'Angleterre. *Le concert entre les deux pays a rendu facile leur tâche qui consiste à aider à l'amélioration politique et financière de l'Égypte. Tout dessein d'agrandissement de part ou d'autre aurait fatalement pour effet de détruire ce concert si utile. Le khédive et ses ministres peuvent donc être assurés que le gouvernement anglais n'a aucune intention de sortir de la voie qu'il a tracée.* »

« Cela continue ainsi au cours de toutes les négociations. Que ce soit M. Barthélemy Saint-Hilaire, Gambetta ou M. de Freycinet qui dirige les affaires de la France, le programme politique français est plus ou moins habilement appliqué, mais il y a toujours la même netteté dans le but final, la même loyauté dans les moyens. Toujours il s'agit uniquement de maintenir intacte l'autorité khédiviale, sous la souveraineté du Sultan et toujours l'intervention de la France et de l'Angleterre doit être parallèle, dégagée d'intérêt personnel exclusif.

Livre Jaune de 1881-1882.

« Vous connaissez les événements de 1881 et 1882. Des causes qui ne sont pas demeurées obscures pour tout le monde conduisent un aventurier sans valeur personnelle, Arabi Pacha, à fomenter le désordre en Égypte, à détruire peu à peu l'autorité du Khédive et à rendre illusoire le contrôle anglo-français. A la décision de Gambetta ont succédé les hésitations de M. de Freycinet. Cela, nous pouvons le blâmer, *nous*; nous pouvons estimer que M. de Freycinet a eu des torts vis-à-vis de la France, mais il n'en a certes pas eu vis-à-vis de l'Angleterre, et s'il n'a point voulu agir lorsque cela eut sans doute été préférable, il n'a certainement rien abdiqué au point de vue du droit.

« Non seulement la position de *droit* ne change pas, mais elle est même rappelée à chaque instant. Je cite presque au hasard l'importante « note communiquée au ministre des affaires étrangères par lord Lyons, ambassadeur d'Angleterre à Paris, le 28 janvier 1882 ».

La politique du gouvernement de la reine n'a subi aucun changement depuis la date de ma dépêche adressée le 4 novembre à sir E. Malet et le gouvernement désire toujours, comme il le désirait alors : le progrès et le bien-être de l'Égypte, la continuation de la souveraineté de la Porte sur ce pays et le maintien des libertés et de l'indépendance administrative qui lui ont été garanties par le firman du sultan.

Le gouvernement de la reine désire encourager les améliorations financières et matérielles de ce pays et l'introduction de réformes nécessaires dans les diverses branches de l'administration, mais il ne nourrit aucun dessein d'ambition ni ne désire s'assurer pour lui une influence exclusive; il ne voudrait pas non plus voir une telle influence passer aux mains de toute autre puissance seule.

Il a toute raison de croire que le gouvernement français a des vues analogues et qu'il est également exempt de tout dessein d'agrandissement à son profit.

« En février 1882, les Contrôleurs, MM. de Blignières et Colvin, signent une déclaration loyale et clairvoyante, qui demeure comme un point lumineux, au milieu de la politique d'hésitations et de tergiversations qui prévalait alors si tristement. Le contrôleur français continuait, dans la mesure de ses forces, la politique de Gambetta. L'agent de France, hélas! tâchait de complaire à M. de Freycinet et fournissait un argument à sa faiblesse en représentant comme dangereuse une intervention qu'il avait lui-même précédemment signalée comme nécessaire et en disant que l'occupation « entraînerait le déplacement d'environ quarante mille hommes!

Livres Jaunes de 1882.

« Dans le résumé des « instructions adressées par lord Granville à lord Lyons, communiqué

par lord Lyons à M. de Freycinet, le 11 mai 1882, »
je relève le passage suivant :

6° Le gouvernement de Sa Majesté est également et entièrement d'accord sur ce point que, si après l'arrivée de leurs navires à Alexandrie, les gouvernements français et anglais ju-
geaient opportun de débarquer des troupes, ils n'auront recours
ni aux forces anglaises, ni aux forces françaises, mais appel-
leront les troupes turques.

« Nous arrivons à la période critique des incidents égyptiens. Les choses vont de plus en plus
mal sur les bords du Nil. Les gouvernements
français et anglais ont envoyé des cuirassés à
Alexandrie, espérant que cette démonstration
donnera à réfléchir aux fauteurs de désordre. Le
Sultan, de son côté, a désigné une mission, dirigée
par Dervish pacha, pour exercer une action
morale.

« L'une et l'autre tentative sont vaines.

« Les gouvernements français et anglais pro-
voquent alors la réunion d'une Conférence européenne à Constantinople, pour déterminer par
quels moyens l'ordre sera rétabli en Égypte.
Cette conférence s'ouvre le 23 juin.

« Déjà, à l'occasion de l'envoi des cuirassés,
M. de Freycinet avait fait communiquer aux
puissances la note suivante (23 mai) :

Personne n'a pu se méprendre sur le caractère et sur le but
de cette démonstration ; les déclarations faites aux Parlements

de Paris et de Londres ont prévenu tout doute à cet égard. Nous sommes allés en Égypte, non pour faire prévaloir une politique égoïste et exclusive, mais pour sauvegarder, sans distinction de nationalités, les intérêts des diverses puissances européennes engagées dans ce pays, ainsi que pour maintenir l'autorité du Khédive, telle qu'elle a été établie par les firmans du Sultan reconnus de l'Europe. Les deux gouvernements ne se sont jamais proposé de débarquer des troupes, ou de recourir à une occupation militaire du territoire. Notre intention est, aussitôt que la tranquillité sera rétablie et l'avenir assuré, de laisser l'Égypte à elle-même et de rappeler nos escadres.

« A cette époque, le Foreign Office commence à être moins abondant en déclarations et communications qu'il ne l'a été jusqu'ici. Il est pourtant l'un des promoteurs de la Conférence de Constantinople, il n'a protesté contre aucun des engagements si souvent pris de n'exercer en Égypte aucune action séparée. Mais la contradiction entre ses actes et ses paroles, qui sera désormais la caractéristique de sa politique, est accusée de la façon la plus flagrante par la lecture des documents.

« *A Constantinople*, dès le 27 juin, les puissances s'engageaient, sur la proposition de l'ambassadeur d'Italie, à s'abstenir de toute entreprise isolée en Égypte, sous la réserve d'un cas de force majeure, tel que la nécessité de protéger la vie des nationaux. Quelques jours plus tard, le représentant de la Grande-Bretagne signait le *Protocole de désintéressement*, dont voici le texte :

Les gouvernements représentés par les soussignés s'engagent, dans tout arrangement qui pourrait se faire par suite de leur action concertée pour le règlement des affaires d'Égypte, à ne rechercher aucun avantage territorial, ni la concession d'aucun privilège exclusif, ni aucun avantage commercial pour leurs sujets, que ceux de toute autre nation ne puissent également obtenir.

Thérapia, le 25 juillet 1882.

L'ambassadeur de France, *signé* : NOAILLES; Le chargé d'affaires d'Allemagne, *signé* : HIRSCHFELD; L'ambassadeur d'Autriche-Hongrie, *signé* : CALICE; L'ambassadeur d'Angleterre, *signé* : DUFFERIN; L'ambassadeur d'Italie, *signé* : CORTI; Le chargé d'affaires de Russie, *signé* : ONOU.

« Or, lorsque les deux engagements ci-dessus furent pris, l'émeute d'Alexandrie avait eu lieu (11 juin), et les troupes égyptiennes étaient cantonnées dans la ville et les environs. Ce ne sont donc pas ces incidents qui ont pu amener l'Angleterre à passer outre à ses engagements répétés.

« La vérité est que, tandis que ses représentants continuaient en apparence la politique de concert européen, le Foreign Office préparait déjà son intervention isolée. La preuve en est dans la dépêche du 16 juin, annonçant que « l'escadre anglaise de la *Manche*, composée de cinq cuirassés, vient de quitter Gibraltar pour Alexandrie. »

« Il faut vous souvenir ici que lorsque Gambetta avait envisagé l'éventualité d'une intervention armée de l'Angleterre et de la France, pour rétablir l'ordre en Égypte, lord Granville avait exprimé la plus grande répugnance pour cette procédure. Maintenant qu'il a des raisons de penser que M. de Freycinet refusera de s'associer à une intervention de cette nature, sans toutefois s'y opposer, il agit exactement comme s'il n'y avait pas à Constantinople une conférence précisément réunie pour prendre des décisions à cet égard.

« Sous le prétexte que les troupes égyptiennes continuaient à se fortifier, malgré la défense qui leur en avait été faite, sous forme d'ultimatum, le bombardement de la malheureuse ville était commencé, ce qui, d'après la déclaration de lord Lyons (11 juillet) « était considéré par le cabinet anglais comme un acte de légitime défense n'entraînant aucune conséquence, et ne cachant aucune arrière-pensée de la part du gouvernement britannique ». Et deux jours après, voici ce qu'on déclarait encore à Londres, à notre ambassadeur, M. Tissot :

L'amiral Seymour va mettre à terre deux mille hommes, *mais pour exécuter une simple reconnaissance* et sauver ce qui reste de chrétiens à Alexandrie, s'il en reste.

« Le 18 juillet, M. d'Aunay envoyait encore la dépêche suivante :

Je viens de recevoir de sir Charles Dilke l'assurance que les troupes anglaises qui ont été récemment débarquées à Alexandrie ne poursuivraient pas Arabi pacha, ainsi que le demandent ce matin la plupart des journaux de Londres. Ces troupes auraient été placées sous les ordres de l'amiral Seymour et seraient simplement chargées du maintien de l'ordre.

« Voici qui accuse encore la contradiction que nous avons signalée, entre les engagements publics et les desseins secrets : La conférence de Constantinople, à laquelle la Porte Ottomane s'est enfin jointe, a décidé d'employer les troupes turques pour rétablir l'ordre en Égypte. Lord Lyons déclare à M. de Freycinet, de la part de lord Granville (28 juillet), que l'Angleterre acceptait la coopération des troupes turques, *mais poursuivait ses propres mesures.*

Livres Jaunes de 1882-1883.

« Vous avez assisté à une première... phase ; elle peut se résumer ainsi : d'innombrables pourparlers qui ont pour base un désintéressement finalement consigné dans un protocole, aboutissant à ce résultat que la France, l'Europe, la Turquie sont... écartées et l'Angleterre installée en Égypte. Continuons maintenant de lire les discours d'Albion :

« Lord Granville fait le 30 juillet 1882, devant la Chambre des Communes, un exposé où M. d'Aunay relève le point suivant :

Le cabinet de Londres n'a aucune visée ambitieuse (selfish views) ; tous les ministres ont particulièrement insisté sur ce point. Il envoie des troupes en Égypte pour y rétablir l'ordre, *pour rendre au Khédive le pouvoir qu'il a perdu, pour donner dans de certaines limites satisfaction aux aspirations du parti national*, et enfin, il a l'intention formelle de soumettre au concert européen le règlement définitif de la question égyptienne.

« Le 10 août, M. Gladstone renouvelle à la Chambre des déclarations analogues :

Il a renouvelé l'assurance qu'il avait déjà donnée en maintes occasions, à savoir que *l'Angleterre n'avait pas le projet d'occuper indéfiniment l'Égypte.* « *S'il y a une chose que nous ne ferons pas, c'est bien celle-là, a-t-il dit*; ce serait en désaccord absolu avec les principes professés par le gouvernement de Sa Majesté, avec les promesses qu'il a faites à l'Europe, et, ajouterai-je, avec la manière de voir de l'Europe elle-même.

« Je suis obligé de sauter des pages du Livre Jaune : à chaque pas nous y retrouverions les mêmes affirmations. Le 15 août, M. Gladstone dit encore à la Chambre des Communes.

Nous ne nous sommes jamais occupés et nous ne nous occuperons jamais de l'Égypte qu'avec le désir de favoriser dans ce pays le développement d'institutions qui lui donneraient, en tenant compte des divers droits existants, internationaux et autres, tous les avantages d'un self-government local.

« Deux mois plus tard nous voyons poindre et s'affirmer la tactique que laissait prévoir la phrase relative *au pouvoir à rendre au Khédive*. Cela va être le prétexte au moyen duquel le Foreign Office commencera de saper l'influence française en Égypte. On s'attaquera ensuite au Khédive. C'est le moment de rappeler les loyales — peut-être un peu candides — paroles de M. Barthélemy Saint-Hilaire. D'abord lord Granville s'attaque au Contrôle anglo-français. Ici, il faudrait tout lire et les notes de Lord Granville, remplies de sophismes embarrassés, et les réponses si nettes, si logiques de M. Duclerc, détruisant ce puéril échafaudage au moyen des déclarations signées par le Contrôleur anglais lui-même.

« Note de lord Granville, du 14 octobre 1882 :

Mais il a jugé convenable de lui conseiller (au Contrôleur anglais) de ne pas reprendre immédiatement les fonctions de Contrôleur, pour les raisons suivantes :

Les mesures que le Gouvernement de Sa Majesté Britannique a prises pour rétablir l'ordre en Égypte entraînent pour le Gouvernement une grande responsabilité en ce qui concerne les conseils qu'il devra donner pour l'administration future de ce pays.

Les récents événements ont fait naître des doutes considérables sur l'opportunité de maintenir le contrôle tel qu'il avait été provisoirement institué par le décret du Khédive, en date du 15 novembre 1879. Il est probable que le Gouvernement français a également éprouvé ces doutes.

« Autre note, du 23 octobre :

Mais des événements récents ont démontré que le système en question n'est point exempt de défauts et de dangers sérieux. Le Gouvernement de Sa Majesté croit donc qu'il serait préférable de renoncer tout à fait au contrôle, et de s'efforcer de le remplacer par quelque autre système.

Le meilleur système à substituer au contrôle serait la nomination par le Khédive d'un unique conseiller financier européen. Ce fonctionnaire assisterait aux conseils du cabinet, sur l'invitation du Khédive, mais non pas à titre de Ministre des finances; il exercerait, de la manière que Son Altesse indiquerait, les pouvoirs d'enquête et de conseil en ce qui concerne les questions financières, mais sans être autorisé à intervenir directement dans l'administration du pays.

« N'est-ce pas du pur Chavette — le ministre de France jouant le rôle du guillotiné par persuasion?

« M. Duclerc n'a aucune vocation pour ce rôle sacrifié.

Il serait difficile, dit-il, de fournir de meilleures raisons pour conclure au maintien du contrôle. Cependant vous proposez de l'abolir parce que « ce système n'est pas exempt de sérieux défauts et dangers ». Quels défauts et quels dangers ? Je ne les trouve indiqués nulle part dans votre note.

Mais voulez-vous réellement abolir le contrôle? Nullement. Vous dites : « Comme remplacement du contrôle, le Khédive nommerait un « seul conseiller européen. » Européen, c'est-à-dire anglais, n'est-ce pas? Eh bien! pour appeler les choses par leur nom, ce que vous proposez ce n'est pas l'abolition du contrôle, c'est l'abolition du contrôleur français. Je ne vous surprendrai certainement pas en vous disant qu'il ne m'est pas permis d'accepter cela.

« La conversation continue sur ce ton. Le Foreign Office, fort habilement, fait intervenir les Égyptiens. C'est Chérif Pacha qui refuse de convoquer le contrôleur français, M. Brédif, aux séances du Conseil des Ministres auxquelles il a le droit d'assister. C'est le Khédive, qui a, dit-on, « spontanément demandé au Cabinet de Londres la résiliation des arrangements 1876 et 1879, arrangements conclus à titre provisoire ».

« Note du 3 octobre, signée Granville :

Nous désirons exclure du nouvel emploi, toute influence politique. Le choix des deux contrôleurs généraux et leur maintien en fonctions dépendait de deux gouvernements étrangers. Pour ce qui concerne le nouveau fonctionnaire, ces facultés dépendront de l'action du khédive.

« Pauvre Khédive ! ce n'est pas encore son tour. Maintenant on se sert de lui pour détruire l'influence française. Plus tard, ce sera son tour d'être dépouillé, lambeau par lambeau !

« Je veux encore attirer votre attention sur ces déclarations de M. Duclerc :

Nous sommes, en Égypte, en possession d'une situation acquise, laquelle résulte à la fois des intérêts que nous avons dans ce pays, du rôle que nous y avons joué en tous temps, des grandes entreprises dues à notre initiative et à notre industrie, et, plus spécialement, des arrangements diplomatiques concertés avec l'Angleterre et avec le Khédive en 1876 et en 1879. Je n'examinerai pas ici s'il y a lieu, comme le fait la note du 8 novembre, de marquer une distinction entre les accords de 1876, établis avec le concours pour le moins moral des Gouvernements intéressés, et ceux de 1879, formés avec leur intervention officielle.

De tous ces accords ressort indistinctement une même idée, idée grande et féconde, à laquelle les Cabinets de Paris et de Londres ont longtemps subordonné toute autre considération, celle qui consiste à abdiquer les rivalités du passé et à unir l'action des deux pays dans une pensée commune de sauvegarde pour les intérêts européens et de progrès pour la civilisation locale.

Les événements qui se sont récemment produits en Égypte ont-ils modifié cet ordre de choses? En intervenant pour réprimer une sédition militaire, l'Angleterre a-t-elle entendu se dégager de ses accords antérieurs, répudier le concours de la France et se charger seule désormais de l'œuvre poursuivie jusqu'alors en commun? C'est de la réponse que le Gouvernement Britannique jugera devoir faire à cette demande que doit dépendre à mes yeux la solution de toutes les questions pendantes, et je ne verrais que des inconvénients à nous écarter de la seule base d'entente possible entre les deux pays pour nous perdre dans des discussions de détail sans objet et sans issue.

Si le Gouvernement Britannique, obéissant à des préoccupations que je n'ai pas à examiner, croit devoir abandonner les errements anciens et dénoncer des arrangements diplomatiques dont rien ne nous semble cependant avoir diminué l'utilité réciproque; s'il juge, en un mot, plus conforme à ses convenances ou à ses impressions du moment de reprendre sa liberté d'action, nous n'aurons plus qu'à pourvoir nous-mêmes à la sauvegarde de nos intérêts.

(Note du 21 novembre.)

Sans ajouter à notre réponse rien qui pût ressembler à des récriminations, je ne puis me dispenser cependant de vous rappeler en terminant l'attitude si strictement correcte que nous avons observée à l'égard de l'Angleterre pendant les récents événements. Tant qu'a duré la lutte, nous avons conservé le rôle d'amis sincères, séparés un moment par un dissentiment de conduite. De son côté, le Gouvernement de la Reine nous a exprimé la gratitude que lui avaient inspirés nos bons offices et nous a donné l'assurance expresse que notre confiance ne serait pas déçue. La question que nous avions à résoudre nous paraissait donc fort simple. Le succès des armes britanniques en Égypte ne pouvait modifier, au point de vue du droit, la situation de ce pays. Les Anglais eux-mêmes avaient déclaré, au début de leur expédition, ils ont répété depuis, que leur intervention n'avait d'autre objet que de rétablir l'ordre dans les États du Khédive. Or la première condition du rétablissement de l'ordre n'était-elle pas le respect des institutions que la rébellion voulait renverser, et, au premier rang de ces institutions, ne trouvions-nous pas toutes celles qui ont un caractère international?

(Note du 13 décembre 1882.)

« C'est ici le lieu d'intercaler la fameuse Circulaire du 3 janvier 1883 adressée aux puissances par le Foreign Office et publiée par le Livre Bleu (Égypt. 1883-n° 2).

Le cours des événements a imposé au Gouvernement de Sa Majesté la tâche, qu'il aurait volontiers partagée avec d'autres puissances, de réprimer la révolte militaire en Égypte et de rétablir la paix et l'ordre dans ce pays. Ce but a heureusement été atteint; et quoique pour le moment des forces anglaises restent en Égypte pour la sauvegarde de la tranquillité publique, *le Gouvernement de Sa Majesté désire les retirer, aussitôt que l'état du pays et l'organisation de moyens convenables pour le maintien de l'autorité du Khédive le permettront.*

Livre Jaune de 1885.

« En 1884, le Foreign Office propose la réunion d'une conférence à Constantinople, pour décider certaines modifications à la loi de liquidation. Il envisage la possibilité d'étendre les pouvoirs des Commissaires de la Dette. M. Jules Ferry (15 juin), se dit favorable à cette proposition. Il ajoute :

Je vous ai déclaré que le gouvernement de la République était prêt à prendre les engagements les plus formels (de ne pas occuper l'Égypte après l'évacuation anglaise). Cette résolution nous a été inspirée par la confiance où nous sommes

que le gouvernement de Sa Majesté n'hésitera pas de son côté
à confirmer expressément les déclarations solennelles qu'il a
faites à diverses reprises de ne porter aucune atteinte à la
situation internationale faite à l'Égypte par les traités et les
firmans et d'évacuer le pays quand l'ordre y sera rétabli.

« Le 16 juin, lord Granville répond :

... Cette dépêche (celle du 3 janvier 1883) fut écrite très mois
après que la bataille de Tel-el-Kebir eut permis aux forces britanniques d'occuper l'Égypte. Elle fut soumise au parlement
anglais et communiquée aux puissances et à la Sublime Porte.
Elle rencontra un acquiescement général. C'est dans cette dépêche que la déclaration fut faite que le gouvernement de Sa
Majesté était désireux de retirer les forces britanniques dès
que le permettraient la situation du pays et l'organisation de
moyens convenables pour assurer l'autorité du Khédive.

*Le gouvernement de Sa Majesté a maintenu et maintient cette
déclaration.* C'est avec regret qu'il a vu les circonstances s'opposer au développement des mesures prises en vue de cette
évacuation; il regrette également de constater que le moment
n'est pas encore venu, dans l'intérêt de l'ordre et de la paix
en Égypte, d'en retirer les forces britanniques.

Il y a quelque difficulté à fixer une date précise à cette évacuation, d'autant plus que toute période ainsi fixée pourrait
à l'époque, se trouver ou trop longue ou trop courte. Mais le
gouvernement de Sa Majesté, afin d'écarter toute espèce de
doute à l'endroit de sa politique dans cette affaire et eu égard
aux déclarations faites par la France, *s'engage à retirer ses
troupes au commencement de l'année 1888, à condition que les
Puissances seront alors d'avis que l'évacuation peut se faire, sans
compromettre la paix et l'ordre en Égypte.*

« Et dans l'hypothèse où les négociations alors engagées aboutiraient, lord Granville propose de remplacer les anciens contrôleurs par l'extension suivante donnée aux fonctions des Commissaires de la Dette.

Les commissaires de la caisse seraient consultés lors de la préparation du budget de chaque année, à commencer par 1886. Le budget serait autant que possible basé sur les dispositions du budget normal que le gouvernement de Sa Majesté se propose de présenter à la conférence, sous réserve des changements survenant dans la situation du pays, et dont il conviendra de tenir compte.

Le budget de chaque année ayant été ainsi préparé de concert avec les commissaires, ceux-ci auraient un droit de *velo* pendant l'exercice à l'égard de toute dépense proposée qui dépasserait le budget, sauf en cas de circonstances subites entraînant péril pour la paix et l'ordre.

Ce droit de *velo* s'appliquerait également aux dépenses du budget de 1885, bien que ce budget n'eût pas été arrêté en consultation avec les commissaires.

Après le retrait des troupes britanniques, la caisse aurait en plus le droit d'inspection des revenus, de manière à assurer la rentrée effective au trésor de la totalité des revenus et à empêcher qu'ils ne fussent détournés en chemin pour d'autres objets.

Le président de la caisse serait un Anglais.

Le Gouvernement de Sa Majesté proposera, à la fin de l'occupation anglaise ou avant, aux puissances et à la Porte, *un projet de neutralisation* de l'Égypte sur la base des principes appliqués à la Belgique, et fera, en ce qui concerne le canal de Suez, des propositions conformes à celles contenues dans une dépêche-circulaire du 3 janvier 1883.

« Le 17 juin l'entente semble complète entre les deux gouvernements. M. Waddington déclare à lord Granville que « le gouvernement de la République accepte les différentes propositions contenues dans la note du 16 et représentant les termes de l'accord intervenu. »

« Vous savez par suite de quelles divergences sur la question de l'administration financière ce projet d'évacuation n'aboutit point.

Livre Jaune de 1885.

« En 1885 surgit l'affaire du *Bosphore égyptien*. Le ministre Nubar, irrité par les articles de ce journal, prend le parti de faire fermer l'imprimerie française Serrière, malgré la présence et l'opposition du drogman du Consulat français. Lord Granville avoue avoir « une part de responsabilité dans cette affaire » (25 avril) mais — comme elle n'a pas réussi — il engage Nubar à présenter des excuses solennelles en réparation de l'illégalité qui a été commise.

« Ce qui fut fait.

« Nous arrivons au gros recueil qui relate les négociations poursuivies entre les années 1884 et 1893 :

Livre Jaune de 1884 à 1893.

« Un arrangement a été conclu le 24 octobre 1885 entre Moukhtar pacha, au nom du Sultan et sir Drummond Wolff, au nom du gouvernement anglais, pour préparer une « convention réglant le retrait des troupes britanniques de l'Égypte, dans un délai convenable ». Je dirais que cela est de la haute comédie, si le terme était diplomatique. Moukhtar pacha, à qui ce travail à été demandé, prépare un projet de réorganisation de l'armée égyptienne qui comporte l'emploi d'officiers turcs et l'occupation de Dongola. Le gouvernement anglais étudie avec attention le projet très remarquable du plénipotentiaire turc, l'adopte... mais en remplaçant les officiers turcs par des officiers anglais et en maintenant les avant-postes égyptiens à Ouadi-Halfa. C'est, comme vous le voyez, toujours la même tactique : l'Angleterre négocie, discute et agit parallèlement dans un sens contraire aux négociations. Celles-ci n'ont d'autre objet que de gagner du temps, afin de mettre toujours la Porte Ottomane et la France en présence du fait accompli. Le gérant de l'Agence française signale cette tactique :

L'envoyé du Sultan est réduit ici à la plus complète inaction. Depuis un mois, une seule réunion des hauts commissaires a eu lieu. Et dans cette conférence, on ne s'est, paraît-il, occupé que de la reprise des relations commerciales avec le Soudan, question qui, chacun le sait, n'est plus qu'un prétexte à peine dissimulé pour traîner les choses en longueur.

Pendant ce temps, les Anglais s'efforcent d'organiser, conformément à leurs vues, les forces militaires du pays. C'est à peu de chose près, le plan élaboré par Moukhtar pacha que l'état-major britannique met à exécution. Pour toute différence, on se contente de substituer des officiers anglais à des officiers turcs.

« N'est-il pas plein d'humour de faire collaborer contre son gré ce vaillant soldat à une entreprise dirigée contre la souveraineté de la Porte?

« Pour que vous puissiez continuer d'apprécier l'attitude parallèle de la France et de l'Angleterre dans la question d'Égypte, il est bon de relever encore cette dépêche de M. de Freycinet qui ne fait d'ailleurs que reproduire des déclarations déjà formulées et souvent répétées depuis :

Paris, 3 septembre 1886.

Vous pouvez donner au grand Vizir l'assurance très précise que nous n'avons aucune intention d'occuper l'Égypte quand l'Angleterre l'aura quittée. Nous sommes formellement opposés à l'occupation de l'Égypte par une puissance quelconque.

« Ceci n'a d'ailleurs d'intérêt qu'au point de vue de l'opinion des peuples, car le gouvernement anglais, lui, sait parfaitement à quoi s'en tenir et les inquiétudes qu'il a manifestées à diverses reprises au sujet de nos projets n'avaient d'autre objet que de justifier la non-exécution de ses propres engagements.

« En 1886, les négociations pour l'évacuation sont sur le point d'être reprises entre le Foreign Office et la Porte Ottomane. Elles sont précédées d'échanges de vues entre Londres et Paris. M. Waddington rapporte le 3 novembre à M. de Freycinet une conversation qu'il a eue avec le chef du gouvernement anglais :

... On se trompe grandement chez vous, s'écria lord Salisbury, lorsqu'on croit que nous voulons rester indéfiniment en

Égypte, nous ne cherchons que les moyens d'en sortir hono-
rablement ; les troupes que nous avons là nous seraient bien
plus utiles aux Indes, et c'est l'avis de nos meilleurs généraux.

... Arrivant enfin à l'évacuation, lord Salisbury me dit
spontanément : « Nous sommes décidés à évacuer, je ne puis
préciser davantage ; mais je vous préviens que lorsque nous
déclarerons l'époque de notre évacuation, nous demanderons
à l'Europe de fixer un terme pendant lequel nous aurions le
droit de rentrer en Égypte dans des conditions déterminées,
si de nouveaux désordres y éclataient... »

« Lord Salisbury revint plus tard sur cette
déclaration. Dès cette époque la divergence de
vues entre l'Angleterre et la France s'accusait :
Le gouvernement anglais prétendait se réserver
le droit illimité d'intervenir à nouveau en Égypte
lorsque les circonstances lui paraîtraient l'exiger.
Le gouvernement français refusait naturellement
de sanctionner une pareille disposition, qui aurait
transformé pour l'avenir la situation de fait des
Anglais en Égypte en une situation de droit.
Mais même dans le « Mémorandum » qui fut
remis le 8 février 1887 au grand Vizir par sir
H. Drummond Wolff, les déclarations de l'Angleterre demeuraient correctes.

Le sultan presse le gouvernement de la Grande-Bretagne de
fixer une date pour l'évacuation de l'Égypte et, dans cette
demande, il est ouvertement encouragé par une, ou peut-être
deux des puissances européennes. Le gouvernement de S. M.
désire, de toute façon, lui donner satisfaction sur ce point.
... L'objet que les puissances de l'Europe ont eu en vue et
que le gouvernement de Sa Majesté désire également atteindre,

peut être généralement exprimé par la phrase : *la neutralisation de l'Égypte.*

... Le gouvernement de Sa Majesté est très loin de désirer se servir d'un tel pouvoir, s'il lui était réservé par traité (le droit de réintervention) *pour exercer indûment quelque influence* ou bien pour créer un protectorat déguisé et encore moins pour renouveler sans nécessité une occupation qui a déjà imposé tant de sacrifices à la Grande-Bretagne...

« Engagées dans les termes que je viens de vous indiquer, les nouvelles négociations de Constantinople ne pouvaient aboutir. Le Sultan refusa sa signature.

« Le gouvernement français n'a pas laissé passer une circonstance où il n'ait essayé de ramener le Gouvernement Britannique au respect de ses engagements répétés. A propos de l'abolition de la corvée (1885-1888) des tribunaux mixtes (1887-1892) etc. — avec plus d'énergie et de vivacité lorsque nous étions représentés là-bas par M. de Reverseaux, avec plus de mansuétude lorsque M. Goblet dirigeait ici nos affaires étrangères, — dans presque chaque question qui surgit on trouve les représentants de l'Angleterre, derrière les ministres qu'ils font agir, en contradiction avec les représentants des Puissances.

« Chacune de ces négociations où la conduite de l'Angleterre en Égypte apparaît de plus en plus inconciliable avec ses engagements, accroît naturellement la tension des rapports entre Paris et

Londres. M. Spuller, par exemple, explique en 1889, qu'il subordonne l'acceptation de la conversion de la Dette privilégiée, à la fixation d'une date d'évacuation :

... Le projet de conversion est une marque éclatante des progrès faits par l'Égypte dans l'ordre politique aussi bien que dans l'ordre économique. Il semble donc que le moment soit venu pour l'Angleterre de réaliser les promesses d'évacuation qu'elle nous a faites si souvent. Nous ne voulons pas paraître influer d'une manière trop directe sur les résolutions du cabinet de Londres. Nous savons qu'il désire conserver à ces résolutions un caractère spontané, et nous trouvons ce désir très légitime. Plus d'une fois déjà, lord Salisbury vous a indiqué que son gouvernement éprouverait quelque susceptibilité si on profitait contre lui des moments difficiles. C'est à lui de savoir s'il n'y a pas lieu de profiter des facilités actuelles. Ces facultés ont été augmentées par la convention de Suez. Nous avons accepté l'introduction dans cette convention de la clause qui en suspend l'efficacité jusqu'après l'évacuation anglaise, afin de marquer notre confiance dans le cabinet de Londres. Il n'a pas voulu, en effet, en consacrant des négociations auxquelles il a attaché tant d'intérêt et qui ont été si laborieuses, les frapper de nullité : cela ne serait digne ni de lui, ni de l'Europe dont nous avons obtenu l'adhésion. Toutes ces conditions me paraissent de nature à être utilement présentées à lord Salisbury pour lui demander s'il ne juge pas opportun de faire connaître à quel moment aura lieu l'évacuation de l'Égypte. Si le départ des troupes anglaises devait faire naître quelques nécessités financières, la conversion permettrait d'y pourvoir, et nous aurons à nous préoccuper, soit à ce titre, soit sans doute à d'autres encore, de l'emploi qui sera fait du profit de cette opération.

« Remarquez en passant le singulier dilemme où prétend nous enfermer le Foreign Office. « Si, dit-il, la France insiste pour obtenir l'évacuation, cela est de nature à froisser les susceptibilités anglaises et à diminuer la liberté d'action de son gouvernement. » Mais si, d'autre part, la France n'insiste pas, l'Angleterre n'a jamais montré qu'elle fut disposée à préparer spontanément l'évacuation. J'appelle votre attention sur ce raisonnement commode, car il revient à chaque instant dans les notes britanniques.

« A la communication de M. Spuller, lord Salisbury répond en renouvelant « la déclaration que je vous ai souvent faite, à savoir que les Anglais évacueront l'Égypte aussitôt que le pays pourra se suffire à lui-même ». Mais il refuse de fixer dès maintenant la date de l'évacuation, sous prétexte que cela nuirait au projet de conversion lui-même. A quoi M. Spuller fait cette ironique réplique :

J'ai reçu, écrit-il à M. Waddington, la dépêche dans laquelle vous me rendez compte de votre conversation avec lord Salisbury au sujet de l'Égypte. Dites à Sa Seigneurie que nous avions cru les progrès de ce pays plus réels et plus solides qu'il ne nous les présente. Nous étions d'ailleurs d'autant plus disposés à regarder ces progrès comme assez avancés pour permettre l'évacuation que, dans les négociations de 1884, le gouvernement anglais avait indiqué l'année 1888 comme date à peu près certaine de cette opération. Si lord Salisbury a des craintes sérieuses au sujet de l'Égypte, il comprendra que le projet de conversion nous présente un aspect nouveau et différent de celui sous lequel nous l'avions d'abord aperçu. Nous aurons à nous demander si, en consentant à la conversion, nous n'exposerions pas les intérêts de nos nationaux dans un pays dont l'avenir reste aussi incertain. A nos yeux, la conversion ne peut être qu'une marque de confiance, et nous sommes surpris que cette confiance fasse précisément défaut au gouvernement anglais.

« Dans les pages du Livre Jaune qui suivent, les engagements du gouvernement anglais se suivent et se ressemblent. Le 1er juillet 1894, lord Salisbury répète ceci à M. Waddington : « *Je vous affirme de nouveau que nous ne voulons pas prolonger notre séjour en Égypte au-delà du strict nécessaire. Il n'y a pas de parti actuellement en Angleterre qui soutienne l'occupation indéfinie.* »

Le 13 août 1889, M. Waddington écrit à M. Spuller :

Une discussion a eu lieu hier à la Chambre des lords au sujet des affaires d'Égypte. Lord Carnarvon a fait un exposé historique des événements qui se sont déroulés dans ce pays depuis le moment où les Anglais « avaient dû gagner à eux seuls la bataille de Tel-el-Kébir, grâce au défaut de coopération d'alliés avec qui ils avaient d'abord pénétré en Égypte ». Puis il a examiné les diverses solutions que la question comporte; il en a trouvé cinq différentes, et s'est arrêté à celle qui consisterait « à déclarer à l'Europe que l'Angleterre entend rester en Égypte pour le présent, sans limite de temps ni de moment; que les droits des créanciers seront religieusement respectés, mais que le gouvernement de la reine administrera le pays d'après ses propres principes et compte le gouverner avec la fermeté, le succès et la sagesse dont *on a usé dans les meilleures provinces de l'Inde* ».

Lord Salisbury a défendu la politique suivie depuis qu'il est au pouvoir et a décliné toute responsabilité pour les engagements pris avant qu'il eût formé son ministère. Ces engagements, cependant, doivent être observés, et ils ne permettent pas d'adopter les vues de lord Carnarvon. Sur ce point important, il s'est exprimé en ces termes : « Je n'ai pas besoin de répéter ce que j'ai déjà dit de l'obligation que nous sommes tenus en honneur de remplir avant de quitter l'Égypte. Mais quand mon noble ami me demande d'aller plus loin et de nous transformer de gardiens en propriétaires et de déclarer qu'en dépit de tout ce que nos prédécesseurs et nous-mêmes avons dit, nous allons, dans les conditions et circonstances présentes, déclarer que notre séjour en Égypte est permanent et que les relations de l'Angleterre avec ce pays sont celles d'une nation conquérante vis à vis d'une nation conquise, je ne peux m'empêcher de croire que mon noble ami tient trop peu de compte du caractère sacré des obligations prises par le gouvernement et auxquelles il doit se conformer. En pareille matière, nous ne devons pas considérer ce qui est le plus commode ou le plus profitable, mais ce à quoi nous sommes tenus par nos propres obligations et par la loi européenne. Nous n'avons, certes, aucune intention d'abandonner notre tâche avant qu'elle soit remplie, mais nous n'avons ni autorité, ni droit suffisant pour lui attribuer l'extension que mon noble ami désire.

Avènement d'Abbas pacha Hilmi.

« Vous allez maintenant assister à la troisième phase de l'occupation anglaise : depuis les événements d'Alexandrie vous avez vu le Foreign Office et ses agents en Égypte occupés à saper l'influence française, sous prétexte de « consolider l'autorité du Khédive ». Voici maintenant venir un Khédive qui a pris toutes ces belles déclarations au sérieux et qui prétend administrer son pays sous la souveraineté de la Porte. Vous allez voir comment on le traite.

« Mais je note d'abord que le Firman d'investiture comporte le maintien des firmans précé-

dents qui déterminent l'étendue des territoires
de l'Égypte et ajoute :

Le khédivat ne saura, sous aucun prétexte ni motif, abandonner à d'autres, en tout ou en partie, les privilèges accordés
à l'Égypte et qui lui sont confiés et qui font partie des droits
inhérents au pouvoir souverain, ni aucune partie du territoire.

« Arrivons maintenant aux incidents, dont le
souvenir est encore si récent. Le Khédive Abbas,
usant de son droit incontestable a jugé bon de se
séparer de quatre de ses ministres « sans avoir
pris, dit lord Rosebery, comme il était d'usage
sous le règne de son regretté père, l'avis préalable du représentant anglais, regardé jusqu'ici
comme indispensable ».

« Le chef du gouvernement britannique, dans
une note adressée à Lord Cromer, rappelle
aussitôt une dépêche du 4 janvier 1884 de lord
Granville :

J'ai à peine besoin de vous faire remarquer que pour les
questions importantes où l'administration et la sûreté de
l'Égypte sont en jeu, il est indispensable que le gouvernement
de Sa Majesté soit assuré, aussi longtemps que durera l'occupation *provisoire* du pays par les troupes anglaises, qu'après
avoir pris en considération les désirs du gouvernement égyptien, les conseils qu'il pourra donner au khédive soient écoutés.

Il faudrait montrer aux ministres égyptiens et aux gouverneurs de provinces que la responsabilité qui, *pour le moment*,
incombe à l'Angleterre, oblige le gouvernement de Sa Majesté
à insister sur l'adoption de la politique qu'il recommande et
que ces ministres et gouverneurs devraient cesser d'occuper
leurs fonctions lorsqu'ils ne la suivront pas.

« Suit le tableau de l'heureux temps où le précédent Khédive obéissait exactement aux suggestions anglaises.

Du vivant de feu le khédive, qui avait beaucoup appris et souffert, l'avis du gouvernement de Sa Majesté était toujours au service de Son Altesse. Loin d'être importun, il laissait à Son Altesse toute l'initiative possible, il n'était jamais offert sans nécessité et était généralement suivi avec reconnaissance. Il est, en effet, essentiellement désirable qu'au cours d'une semblable intervention, il soit tenu aussi compte que possible des susceptibilités du prince et de ses ministres et *que celle-ci consiste en fait dans une direction discrète et non dans une immixtion publique.* Le gouvernement de Sa Majesté a passionnément à cœur de suivre la même conduite avec le souverain actuel, et bien qu'il ait pour le moment été trompé dans son attente, il a assez de confiance dans ses assurances et dans l'habileté politique du prince pour espérer que les incidents récents ne se représenteront pas.

« Lord Rosebery reconnaît en passant que l'occupation anglaise n'est rien moins que populaire.

Si de nouvelles difficultés s'élevaient, il pourrait advenir que les conditions de l'occupation anglaise fussent modifiées, et nous aurions alors à nous demander si, les circonstances n'étant plus les mêmes, il ne conviendrait pas de modifier notre politique en conséquence, *si l'occupation devait être maintenue contre le gré, à ce qu'il paraîtrait, d'une grande partie de la population,* et s'il ne serait pas préférable de la faire cesser.

« Voici maintenant la menace finale :

Mais on peut au moins affirmer ceci avec certitude : c'est que l'Égypte ne pourrait, en aucune façon, être déchargée du contrôle européen et que celui-ci pourrait peut-être recevoir une application beaucoup plus étroite et plus ferme que celle qui est en vigueur actuellement. L'éventualité n'est pas immédiate, mais nous sommes obligés de l'envisager d'une façon plus nette par suite des récents événements.

« C'est encore une nouvelle menace, plus directe, plus brutale, qui est signalée par la dépêche de M. de Reverseaux en date du 14 janvier 1893.

Tout le monde s'attend depuis quelque temps à un changement de Cabinet : Mustapha pacha Fehmy entre seulement en convalescence, et les Anglais ont admis l'idée de son remplacement, comprenant que les soins nécessités pour son entière guérison ne lui permettaient plus d'exercer effectivement ses fonctions pendant de longs mois.

Lord Cromer se présenta au Palais avant-hier pour se renseigner sur la formation du nouveau cabinet dont tout le monde s'entretenait en ville. Ayant reçu de la bouche même du Khédive la confirmation du choix éventuel de Tigrane pacha en qualité de président du Conseil, il déclara que son gouvernement s'opposait à la nomination d'un chrétien, et qu'il prévenait Son Altesse que, en résistant à l'Angleterre, elle jouait « *son pouvoir et sa personne* ».

Le ministre des affaires étrangères a, d'autre part, sondé Fakry pacha sur la réponse qu'il ferait dans le cas où le Khédive lui proposerait la formation d'un Cabinet.

« Les visées anglaises s'accusent de plus en plus nettement. Dépêche de M. de Reverseaux, du 17 janvier :

L'agent et consul général d'Angleterre vient de faire au Khédive la communication suivante :

Le gouvernement de Sa Majesté ne peut admettre qu'aucun acte important se passe en Égypte sans son assentiment. Le changement de Mustapha pacha Fehmy étant aussi inutile que préjudiciable aux intérêts de l'Égypte, le gouvernement de la reine ne saurait sanctionner la proposition qui lui est faite de Fakry pacha ».

Lord Cromer a dit au Khédive qu'il viendrait prendre la réponse demain matin.

« M. Develle, alors ministre des affaires étrangères ne peut s'empêcher de protester contre un pareil langage. Il écrit le 18 janvier à M. Waddington :

Lord Rosebery n'a pas plus contesté, ce me semble, que lord Cromer lui-même, le droit du Khédive de choisir ses ministres. Nous devons donc être d'autant plus surpris de l'attitude du représentant de l'Angleterre qui lui a dénié en fait, et de la façon la plus offensante, l'exercice de sa prérogative.

Vous voudrez bien renouveler, avec la plus grande énergie, les protestations que votre entretien avec Lord Rosebery vous a déjà fourni l'occasion de faire entendre au principal secrétaire de la reine, contre l'attitude comminatoire de lord Cromer à l'égard d'Abbas et contre les prétentions qu'elle révèle.

L'intervention de l'agent britannique, dans les conditions où elle paraît s'être produite, équivaudrait en effet à la mainmise de l'Angleterre sur le gouvernement égyptien, en annulant l'autorité du Khédive et elle constitue la négation des droits de la puissance suzeraine.

« Je pourrais allonger la liste des « incidents » qui se sont produits depuis lors. — Vous connaissez vous-même celui d'hier, celui qu'on a appelé l'incident de la frontière ! Tous ont été préparés, provoqués. Tous ont eu pour but de diminuer l'autorité du Khédive et de le réduire finalement, comme disait lord Carnarvon, à la condition de rajah d' « une des meilleures provinces de l'Inde. »

Autres documents.

« Revenons aux engagements anglais. Nous venons de signaler quelques-uns de ceux que relève le Livre Jaune. Je pourrais vous en montrer d'autres, innombrables, dans les documents que j'ai collectionnés :

« A la veille du bombardement d'Alexandrie, la Sublime Porte ayant déclaré que si la ville était bombardée, un acte de cette nature porterait atteinte aux droits de souveraineté du Sultan, le comte de Granville expédia le 10 juill.t 1882 à tous les cabinets une dépêche dans laquelle il disait que « l'action de l'amiral Seymour étant devenue nécessaire, elle serait restreinte dans les mesures proprement dites de défense légitime, l'Angleterre ne faisant qu'accomplir un acte défensif, dans la limite des cas de force majeure admis par le protocole de désintéressement ».

« Lord Dufferin, dans son rapport sur la mission qu'il accomplit au Caire en 1883, écrit :

Qu'on se garde bien de vouloir gouverner de Londres la vallée du Nil. Ce serait appeler sur les Anglais la haine de ses habitants. Le Caire deviendrait un foyer de conspiration alimenté pour leur nuire, ils seraient bientôt contraints de s'embarquer, d'abandonner le pays dans des conditions désastreuses. Il faut qu'ils se contentent d'un rôle pacifique et modérateur; ils doivent se souvenir qu'ils ne sont pas en Égypte pour faire de l'arbitraire, mais pour aider les habitants à se gouverner eux-mêmes. En agissant ainsi, en écartant toute trace d'autorité vexatoire, la Grande-Bretagne garderait intactes les traditions de patriotisme et de liberté qui sont sa gloire dans les contrées diverses où la fortune l'a jetée.

« M. Gladstone, au nom du parti libéral et du pays qu'il gouverne, dit à la tribune de la Chambre des Communes, le 5 mars 1883 :

Il faut se rappeler que nous sommes en Égypte, non comme maîtres, mais comme amis et conseillers du gouvernement égyptien et que, pour plusieurs des objets que nous nous sommes proposés, d'autres nations ont en Égypte des intérêts et des droits aussi définis et aussi incontestables que les nôtres. Le gouvernement ne reconnaît pas à notre pays, dans cette affaire, des intérêts égoïstes et particuliers, séparés des intérêts généraux des nations civilisées, et qui doivent être poursuivis d'une façon égoïste et étroite.

« Ces mêmes déclarations, le même M. Gladstone les refait à la même tribune en août 1883 et en juillet 1883. Bien plus, le chef du parti whig réclame, dans son manifeste électoral de novembre 1885, *l'évacuation immédiate de l'Égypte.*

« Le parti conservateur n'a pas été moins explicite. C'est ainsi que nous voyons sir Henry Drummond Wolff, dans son rapport au Foreign Office, constater que le gouvernement avait désavoué « tout désir d'annexer l'Égypte ou d'établir un protectorat », puis ajouter :

Il a été suggéré plus d'une fois que l'Angleterre prendrait possession de l'Égypte d'une manière permanente. Quand

même d'autres puissances, dans le moment de panique, eussent
acquiescé à l'annexion, je dois douter qu'elle eût été revêtue
d'un caractère de permanence non disputée. En ce qui concerne
la politique d'annexion, les objections sont, à mon avis, insur-
montables. Elle serait une violation de la politique traditionnelle de l'Angleterre, de sa bonne foi à l'égard du sultan et
de la loi publique. En temps de paix, elle exposerait l'Angleterre à des jalousies et à des dangers continuels. En temps
de guerre, cette politique d'annexion serait un point faible,
entraînant un perpétuel recours à ses ressources. L'Égypte est
un pays de transit, elle est jusqu'à un certain point la propriété commune du monde. *Elle peut être définie comme un
passage international indispensable au commerce de toutes les
nations.*

« Lord Salisbury a prononcé au Parlement, le
10 juin 1887, ces paroles :

Il ne nous était pas loisible d'assumer le protectorat de
l'Égypte.. même en supposant qu'un pareil acte soit en accord
avec les lois internationales et les intérêts de notre pays. Il
ne nous était pas loisible d'agir ainsi parce que le gouvernement s'était constamment et sans cesse engagé à ne pas
accomplir cet acte.

« Quelques semaines plus tard, le 10 août 1887,
lord Salisbury disait aux Communes « qu'il
entendait satisfaire autant que possible ceux dont
l'opinion doit être prise en considération »; il
reconnut que la présence des troupes anglaises
en Égypte constituait un « défi aux sentiments
de beaucoup de musulmans et peut-être aussi de
quelques chrétiens », et qu'il était désirable de
les retirer dès que l'ordre serait assuré sur le
Nil. Le lendemain, devant la même assemblée,

sir J. Fergusson, sous-secrétaire d'État aux affaires étrangères assurait à son tour que l'Angleterre respecterait tous ses engagements internationaux.

« En août 1889, lord Salisbury répète que déclarer le séjour de l'Angleterre permanent en Égypte, « ce serait témoigner d'un respect insuffisant pour la sainteté des obligations que le gouvernement de la Reine avait contractées et auxquelles on était tenu de se soumettre ». Cet esprit anime également son discours du 6 août 1890, au banquet du lord-maire, lors du voyage de Guillaume II à Londres, et aussi le discours prononcé au banquet donné le 9 novembre 1891 au Guildhall en l'honneur de l'installation du lord-maire de Londres, M. David Evans :

Notre but principal n'est pas comme quelques-uns l'ont dit, de couper les liens qui unissent l'Égypte à l'empire ottoman. Loin de là : nous désirons maintenir l'Égypte dans sa position légale actuelle, dans sa position dans l'empire ottoman, position définie par les traités et par les firmans : mais nous désirons que, dans les limites de sa position légale, l'Égypte soit, par elle-même, assez forte pour repousser toute attaque de l'extérieur et mettre fin aux troubles intérieurs qui pourraient éclater.

« Or, que disent ces firmans que l'Angleterre déclare être sacrés pour elle? Comment définissent-ils les droits et les devoirs du Khédive? Relisons cet alinéa du firman d'investiture octroyé à Méhémet Tewfik par le sultan, le 14 août 1879, et qui se retrouve *intentionnellement* dans le firman d'investiture d'Abbas Hilmi pacha :

Le khédival ne saura, sous aucun prétexte ni motif, abandonner à d'autres personnes, en tout ou en partie, les privilèges accordés à l'Égypte, et qui lui sont confiés, et qui sont une émanation des prérogatives inhérentes au pouvoir souverain, ni aucune partie du territoire.

« Le discours du Trône, lu au Parlement le 2 février 1893 par lord Herschell, lord grand chancelier et lord garde du grand Sceau de la Reine, affirme hautement que les mesures militaires prises en Égypte « n'entraînent aucun changement de politique et n'apportent aucune modification aux assurances données à plusieurs reprises par le gouvernement de Sa Gracieuse Majesté, au sujet de l'occupation de l'Égypte ».

« Au cours de la discussion qui suit, lord Kimberley, président du conseil privé et secrétaire d'État pour l'Inde, répète que « l'envoi de renforts en Égypte ne modifie nullement à ses yeux la position de l'Angleterre à l'égard de ce pays et de toute l'Europe et la nécessité de tenir compte des engagements pris ».

« Le 2 mai suivant, à propos d'un amendement introduit par sir Charles Dilke dans la discussion du budget, amendement qui tendait à l'évacuation de l'Égypte, M. Gladstone dit : « Une occupation prolongée et indéfinie de l'Égypte dépasse notre pensée, je ne dis pas notre compétence en tant que puissance militaire et morale, mais notre compétence en qualité d'État obligé de donner aux autres nations l'exemple de l'honneur (1) ».

« Dans une lettre du 18 février 1892, adressée à M. Ribot, M. Waddington cite une dépêche de sir Henry Drummond Wolff, plénipotentiaire de la Reine à Constantinople, adressée à lord Salisbury en date du 26 mai 1887, dépêche qui définissait la politique anglaise au Caire et dont les termes reçurent alors l'approbation du premier ministre conservateur. Elle était ainsi conçue :

Le gouvernement de Sa Majesté a démenti toute intention d'annexer l'Égypte ou d'y établir un protectorat. Plus d'une fois, on a suggéré que l'Angleterre devait prendre l'Égypte à titre permanent, mais c'aurait été la violation de la politique traditionnelle de l'Angleterre, la violation de ses engagements envers le Sultan et la violation du droit international. C'aurait été exposer l'Angleterre en temps de paix, à des jalousies et à des dangers continuels et, en temps de guerre, lui imposer de perpétuels sacrifices.

---

(1) On peut ajouter, pour continuer la chaîne, les déclarations faites en octobre 1894 par M. Campbell-Bannerman, ministre de la guerre d'Angleterre, au correspondant parisien du *Neues Wiener Journal* :

« Notre occupation de l'Égypte ne doit être regardée que comme une occupation temporaire. Lord Salisbury, comme lord Rosebery, c'est-à-dire les chefs de nos deux grands partis ont fait, à plusieurs reprises des déclarations à ce sujet. »

« Cette dépêche ayant été portée à la tribune de la Chambre des Communes en février 1892, au cours de la discussion de l'Adresse, par une interpellation de M. Chamberlain, voici le commentaire qu'en fit M. John Morley :

J'ai dit que, par l'occupation persistante et indéfinie de l'Égypte, l'Angleterre se met dans la position d'être toujours vulnérable et s'expose toujours à être entraînée dans le tourbillon d'une guerre européenne.

« Le Livre Bleu communiqué au Parlement en février 1893 contient entre autres choses la note suivante remise le 17 janvier de la même année à lord Rosebery, ministre des Affaires Étrangères, par M. Waddington, ambassadeur de France :

L'ambassadeur de Sa Majesté britannique à Paris vient d'informer M. Develle qu'en raison d'incidents récents, le gouvernement de Sa Majesté a décidé d'augmenter la garnison anglaise en Égypte. Lord Dufferin était en même temps chargé de déclarer que cette mesure n'indiquait aucune modification des assurances qui ont été données à diverses reprises par le gouvernement de Sa Majesté au sujet de l'occupation de l'Égypte ni aucun changement politique.

En remerciant le gouvernement de Sa Majesté de cette communication, le gouvernement de la République prend acte de la déclaration que rien n'est changé dans la politique anglaise en Égypte et de la confirmation des assurances qui lui ont été données au sujet du caractère, de l'étendue et de la durée de l'occupation.

En effet, au moment où il a cru devoir occuper l'Égypte, à la suite de l'insurrection d'Arabi, le gouvernement de Sa Majesté a pris l'engagement que cette occupation ne durerait pas au delà des événements qui l'avaient provoquée. Toutes les fois que le gouvernement de Sa Majesté a été interrogé depuis, il a renouvelé expressément ces assurances et cet engagement.

Toutefois, il est à craindre que le projet du gouvernement de Sa Majesté d'augmenter la garnison anglaise en Égypte ne soit interprété dans un sens directement opposé à ses intentions. Aussi suis-je chargé de demander à votre Seigneurie de bien vouloir préciser les incidents qui auraient motivé cette mesure. Après la communication que lord Dufferin vient de faire à M. Develle, le gouvernement de Sa Majesté comprendra que, si, contre notre attente des troubles venaient à se produire en Égypte, le gouvernement de la République se réserverait d'examiner, d'accord avec les puissances et avec S.M. le sultan, les mesures qu'il y aurait à prendre pour sauvegarder les intérêts qui nous sont communs avec toutes les puissances garantes de l'indépendance de l'empire ottoman.

« Je crois vous avoir suffisamment démontré, tant par des déclarations publiques des représentants du gouvernement anglais que par des documents diplomatiques, continua mon interlocuteur, que les engagements de l'Angleterre ont été constants et formels. Il est vrai qu'ils sont souvent suivis de cette déclaration que l'évacuation, reconnue *nécessaire*, ne peut être *immédiate*. Seulement, les raisons changent suivant les temps : Après Tel-el-Kebir, il s'agit simplement de rétablir l'ordre matériel troublé par Arabi; plus tard encore, les mahdistes fournissent un excellent et commode prétexte au maintien et même au renforcement de l'armée d'occupation. Maintenant, il n'y a plus de raisons aussi précises, mais il y en a toujours de vagues. « L'Angleterre ne peut procéder à l'évacuation que lorsqu'il sera démontré que l'Égypte est devenue assez forte pour se gouverner elle-même et pour défendre son territoire. Il est encore impossible de fixer l'époque à laquelle on pourra abandonner l'Égypte à elle-même. » Pourtant, dès 1885, au moment du projet de convention Drummond Wolff, l'évacuation paraissait possible et même on considérait 1888 comme une date raisonnable ». Ainsi encore en 1887.

« Je ne demanderais pas mieux, pour ma part, que de croire à la sincérité de ces déclarations. Mais il faudrait pour cela que le gouvernement britannique marquât par ses actes, sa volonté de faire l'éducation des Égyptiens et de les mettre en état de se gouverner eux-mêmes. Or je viens, au cours de cette conversation, de vous montrer quelle différence il y a entre les paroles et les actes anglais. D'ailleurs si vous voulez être fixé sur ce point, consultez un Égyptien. Demandez-lui de vous montrer par des faits si le gouvernement anglais travaille au relèvement de l'Égypte ou s'il travaille au contraire à son abaissement et à l'établissement du protectorat britannique...

« Pour nous, nous sommes bien forcés de constater que la politique anglaise en Égypte depuis 1882 est en contradiction complète avec les déclarations officielles du gouvernement anglais ; qu'elle a pour objet visible, non d'éduquer le peuple égyptien et de le préparer au *self gover-ament*, mais au contraire de l'asservir.

« Le Foreign Office a très habilement profité de toutes nos faiblesses, de tous nos embarras intérieurs pour avancer dans la voie de la mainmise sur l'Égypte.

« Nous ne pouvons nous empêcher de craindre que le Foreign Office, confiant dans la continuité de sa politique extérieure, dans les variations et les faiblesses de la nôtre, n'attende de nouvelles occasions pour accentuer encore sa position illégitime en Égypte. Toutefois, si ce calcul existe, je puis dire qu'il ne correspond pas à la situation de l'opinion en France. Ce ne sont plus seulement quelques diplomates, quelques hommes politiques plus ou moins influents qui savent à quel point notre dignité, nos intérêts, sont engagés dans la question d'Égypte. Nul n'ignore chez nous que la partie qui se joue sur le bord du Nil — partie secondaire en somme pour l'Angleterre — a pour enjeu non seulement nos intérêts encore prépondérants en Égypte et par répercussion nos intérêts dans tout l'Orient, mais le prestige même de notre pays qui ne saurait admettre sans déchoir que les engagements pris vis-à-vis de lui soient violés avec une pareille désinvolture.

« Non pas que nous prétendions occuper une situation spéciale en Égypte, nous ʃ ꞇuer d'une manière quelconque aux Ang. ꞊près leur départ. Notre attitude est absolument loyale : les documents que je viens de vous lire l'établissent suffisamment.

« Nous sommes simplement une des six puissances protectrices de l'Égypte — la plus intéressée en raison des capitaux que nous avons en Égypte, en raison aussi de la profonde et ancienne sympathie que nous inspire un peuple profondément imprégné de nos mœurs et de nos idées. Nous ne pouvons admettre qu'une autre puissance porte définitivement atteinte à son autonomie, ni que nos communications avec nos colonies soient là merci de garnisons anglo-égyptiennes.

« Si la Grande-Bretagne attend comme on l'affirme une occasion d'aggraver la situation qu'elle a créée en Égypte, il n'y a aucune raison pour que nous n'attendions pas, nous aussi, une circonstance favorable : il peut s'en produire. Dès maintenant la question du Haut-Nil s'est jointe à celle de l'Égypte. Dans l'affaire du Congo, l'Angleterre a subi un premier échec ; il a paru évident à tous que la France ne tolérerait pas une aggravation de la situation illégitime existant en Égypte, sous la forme d'une nouvelle violation de territoires égyptiens. La Chambre des députés française, dans une circonstance solennelle, a unanimement approuvé cette manière de voir. Il serait puéril d'espérer à Londres qu'un accord sincère puisse jamais s'établir désormais dans le monde entre la France et l'Angleterre, aussi longtemps qu'existera entre les deux nations ce brûlot chargé de matières explosibles.

« Que ce soit une qualité ou un défaut, nous sommes un peuple sentimental : on l'a bien vu par l'effet qu'ont produites en France deux ou trois initiatives du souverain allemand, dont nous sépare cependant un écueil infranchissable. Eh bien, les faits que je viens de relater, qui sont connus de tous ont donné à l'opinion publique française la conviction que l'Angleterre n'agit pas avec loyauté dans la question égyptienne. De là cette irritation latente qui ne fait que croître dans notre pays et dont toutes les politesses officielles, tous les articles de journaux, seront impuissants à empêcher les effets, tandis qu'un acte très simple, très naturel, *l'exécution par l'Angleterre des engagements qu'elle a pris et qu'elle n'a plus aucune raison honnête de différer*, rétablirait l'harmonie qui devrait exister pour le bien du monde, entre les deux grandes nations libérales de l'Occident.

« Mais il est d'autre part une chose évidente pour tous les Français clairvoyants ; *si l'Angleterre refuse de tenir les engagements qu'elle a pris, nous aurons désormais autant de raisons de préparer un plan de mobilisation en vue d'une guerre franco-anglaise,* que nous en avons eu de dresser le plan préparé en vue d'une guerre purement continentale. Encore peut-on dire que vis-à-vis de l'Allemagne nous subissons une situation qui nous fut imposée par la force, tandis que la continuité de l'occupation anglaise nous met, en Égypte, dans une position qu'accepterait seulement un peuple vaincu.

« Or nous sommes loin de Waterloo... et d'Azincourt. »

XXIV

Entretien avec un jeune Égyptien.

« Monsieur, me dit le jeune Égyptien à qui de sûrs amis m'avaient adressé, il faut d'abord, si vous voulez que notre conversation ait un sens, admettre qu'il y a un peuple égyptien tourné vers la civilisation européenne, et qui ne rêve aucunement un retour au désordre, à la barbarie. Je vous assure que ce peuple existe ; il se compose comme tous les peuples, même les plus civilisés, d'une élite intellectuelle suffisamment éclairée pour aimer son pays avec discernement et souhaiter la constitution en Égypte d'une administration indigène calquée sur les administrations occidentales ; d'une masse peu éclairée mue par des aspirations assez vagues, — aspirations qui tendent pourtant au même but que notre patriotisme plus éclairé, je veux dire l'autonomie de notre nation.

« Quand je parle d'autonomie, entendons-nous bien sur le sens que j'attache à ce mot. Il ne s'agit aucunement ici de susciter des querelles de race ou de religion : tout ce que je souhaite, c'est que notre gouvernement jouisse des droits dont il se montre digne et que tout citoyen égyptien puisse arriver aux fonctions si élevées qu'elles soient, pourvu qu'il se montre capable de les remplir. Je souhaite en un mot qu'il ne pèse plus sur nous une espèce de présomption générale d'incapacité.

« Je reconnais — et il n'est pas un de mes compatriotes de bonne foi qui ne soit prêt à faire le même aveu, — que des siècles de sujétion, de pouvoir absolu, de soumission même à des oligarchies étrangères ne nous ont point préparés aux libres initiatives, que ce que vous appelez le « caractère » n'est pas en général notre qualité maîtresse ; que l'Europe, qui a en Égypte des intérêts si considérables, moraux et matériels, a le droit et même le devoir de les sauvegarder. J'accepte la formule si chère au gouvernement anglais : qu'il est nécessaire de faire notre éducation administrative, et qu'aussi longtemps qu'elle ne sera pas suffisante, on doit assurer les garanties qu'exigent notamment les intérêts des créanciers de l'Égypte et la sécurité des étrangers qui habitent notre pays ou qui y passent.

« C'est pourquoi je n'élève aucune critique contre les mesures qui ont été prises en Égypte par

le concert des puissances : la Caisse de la Dette,
les administrations mixtes ont été des mesures
nécessaires, préservatrices. Je dirai même que
tout ce qui a été fait de bon en Égypte depuis dix-huit ans, dérive du Condominium qui
n'était autre chose qu'un accord entre puissances protectrices. Au voisinage des hommes
éminents que l'Europe nous a envoyés, nous
avons appris les principes généraux de l'administration : les écoles, que son influence a directement créées, ont répandu à profusion les
connaissances théoriques : nul ne contesterait
d'ailleurs que nous nous sommes montrés aptes
à les acquérir.

« Que nous manquait-il, lorsque la Grande-Bretagne, après avoir réprimé un désordre momen-
tané — qui l'eût blâmée, si elle s'en fût tenue là?
— a bien voulu se consacrer spécialement à notre
éducation? Rien autre chose que la *dignité personnelle, le sentiment de nos droits et de nos
devoirs de citoyens, de nos responsabilités matérielles et de nos responsabilités morales envers
nous-mêmes et envers les autres.*

« C'était donc cela qu'il fallait nous inculquer.
C'était la tâche du peuple éducateur.

« Eh bien, examinons, si les représentants de
la Grande-Bretagne en Égypte ont compris leur

mission, et s'ils se sont efforcés de la remplir.

« Le premier fondement des institutions d'un peuple civilisé, n'est-ce pas, c'est l'existence d'un pouvoir central honoré et respecté. Nous avons en Égypte, comme dans tout l'empire ottoman, un respectueux attachement pour une autorité supérieure tutélaire : celle de S. M. le Sultan. Or, la politique anglaise n'a rien ménagé pour le détruire. Même quand elle semblait lui rendre hommage, — comme dans l'envoi de Moukhtar pacha — elle s'efforçait de bafouer la souveraineté de S. M. le Sultan en transformant cette mission en une véritable comédie.

« Parlerons-nous maintenant de notre gouvernement local ?

« Il y aurait beaucoup à dire sur le passé récent de l'Égypte; sans remonter très haut, j'admets que les circonstances aient pu rendre impossible de remettre une autorité effective au précédent Khédive, quelles que fussent ses qualités personnelles. Mais le souverain actuel ? Qui pourrait lui contester les dons heureux qui rendent les chefs d'État dignes de leur haute mission ? N'est-il pas imbu des principes qui sont la base du gouvernement de toutes les nations civilisées ? A-t-il jamais montré la moindre velléité de s'en départir ? N'a-t-il pas, à un âge où, d'ordinaire, les princes ont besoin d'indulgence, su mener une vie privée à l'abri de toute critique? N'a-t-il pas fait preuve, dans la vie publique, précisément, de cette dignité, de cette volonté, de ce sang-froid, de cet esprit de sagesse et de discernement qui, d'ordinaire, sont la caractéristique des véritables hommes d'État? N'a-t-il pas su se faire aimer de son peuple non pour ses défauts, comme cela arrive quelquefois, mais pour ses qualités?

« Toutes ces circonstances n'imposaient-elles pas le devoir à l'Angleterre, de tirer parti de l'heureuse coïncidence qui mettait à la tête de l'Égypte un souverain tout à fait digne de présider à son relèvement?

« Eh bien, monsieur, je vous le dis sans passion, mais avec une conviction profonde : tout l'effort de l'Angleterre a tendu non à seconder le Khédive dans cette œuvre; mais à le mettre hors d'état de l'accomplir.

« Examinez attentivement, impartialement, ce qui s'est passé en Égypte depuis l'avènement d'Abbas Hilmi : vous verrez que précisément les qualités qui rendaient le jeune souverain digne d'occuper une haute situation, sont celles que l'agence anglaise s'est efforcé d'annihiler et de détruire. Il n'est pas un incident dont on n'ait profité pour tâcher de le diminuer aux yeux de son peuple, de le rabaisser, de le réduire au rôle effacé d'un rajah indien. Émettait-il la prétention légitime et naturelle de choisir ses collaborateurs parmi les hommes qu'il jugeait dignes de sa confiance? On lui assurait que lord Cromer était seul apte à discerner quels ministres étaient en état de gouverner l'Égypte. Un fonctionnaire égyptien marquait-il quelque dévouement à son souverain? On lui prouvait par une disgrâce immédiate — fût-il d'ailleurs parmi les plus capables et les plus consciencieux, tel que Maher pacha. — qu'il est superflu, en Égypte, de respecter l'autorité khédiviale ou de se préoccuper de l'intérêt des Égyptiens et que ce soin concerne uniquement les fonctionnaires anglais placés dans toutes les administrations. Le Khédive prétendait-il contrôler par lui-même l'organisation de *son* armée et apprécier la tenue et la valeur de *ses* troupes *égyptiennes*. Vite un éclat du Sirdar suivi d'une démarche comminatoire de l'agence anglaise lui indiquait que son rôle consistait à passer des revues et à trouver tout admirable, le soin du commandement et du contrôle incombant exclusivement au général anglais.

« Ainsi. toute la politique anglaise en Égypte

tendu à diminuer l'autorité de S. A. le Khédive, aussi bien que celle de S. M. le Sultan, à réduire son influence personnelle, à détruire sa popularité. C'est à quoi visaient tous les « incidents » qui ont attiré l'attention de l'Europe et dont pas un seul n'a été fortuit.

« Je vous demande comment le Foreign Office s'y serait pris, s'il avait eu pour objectif de détruire en Égypte le principe d'autorité et le respect de la nation pour son souverain? Et, je vous prie de me dire si vous considérez ceci comme une politique d'éducation ou comme une politique d'asservissement?

« Ce que je vous signale au sommet de l'échelle, vous le trouverez jusqu'au dernier échelon : c'est un système. A nos ministres, choisis pour leur docilité, on inculque d'abord cette idée qu'en Égypte le Sultan et le Khédive ne comptent qu'au point de vue des formules de politesse, que le pouvoir véritable réside entre les mains de lord Cromer. Chacun d'eux sait aussi qu'il ne doit point regarder de trop près les affaires du département dont il a la charge. Cela concerne spécialement le sous-secrétaire d'État que l'agence anglaise a placé auprès de lui comme un tuteur. Il y a certes des Égyptiens, dans les administrations égyptiennes, mais ou ils occupent des postes de parade, ou ils remplissent des fonctions subalternes : voyez les ministres et voyez l'armée...

« Voici quatorze ans que les Anglais se sont installés en maîtres chez nous, par la Force, contre le Droit. Peut-on citer une administration où ils aient formé un personnel indigène qui ait conquis peu à peu les hauts grades? Aucunement : chaque année qui s'écoule marque un nouvel empiètement de l'élément anglais. Est-ce, encore une fois, de l'éducation ou de l'envahissement? Veut-on nous préparer à nous administrer nous-mêmes ou bien veut-on nous accoutumer à la servitude.

« En tout cas, si l'on a pensé nous acheminer ainsi peu à peu vers la servitude, on a bien mal calculé. Sa Majesté le Sultan Abd-ul-Hamid qu'on voulait indisposer contre Abbas II, couvre au contraire notre loyal souverain de sa haute protection.

« Le Khédive, qu'on espérait réduire à un rôle entièrement passif, jouit dans toute l'Égypte d'une popularité telle qu'aucun de ses prédécesseurs n'en a connu de pareille : le peuple égyptien le considère comme l'incarnation même — rayonnante de jeunesse et brillante de courage — de ses aspirations. On ne le taxe point de faiblesse lorsque l'agence anglaise s'efforce de lui infliger quelque humiliation imméritée ; on l'admire au contraire, de savoir résister avec tant de dignité et de sang-froid à une force brutale supérieure. Lorsque abusant — au lieu de tâcher de la guérir — de la faiblesse de caractère de quelque vieillard, on suscite autour d'Abbas II des lâchetés ou même des trahisons, le peuple ne croit point pour cela que la cause nationale en souffre ; mais il accable les lâches et les traîtres de son mépris — à moins qu'il ne leur accorde simplement sa pitié. Le sentiment national qui existait si peu en Égypte, il y a quelques années, gagne tous les jours en vivacité et en profondeur. Nous autres, les jeunes gens, nous considérons le Khédive, non seulement comme notre maître, mais comme le défenseur naturel, vertueux et convaincu, de notre autonomie ; on a pensé un moment que l'appât de places bien rétribuées nous mettrait entièrement à la dévotion de fonctionnaires anglais. On doit reconnaître aujourd'hui qu'on s'est trompé. D'ailleurs les fonctionnaires — même au service de l'Égypte — font preuve de loyalisme vis-à-vis de la Reine ; par quelle inconséquence nous refuseraient-ils le droit, à nous, d'être loyaux vis-à-vis de notre souverain ?

« Ce sentiment public que la domination anglaise a fait naître en Égypte et qui devient de jour en jour plus vif, plus éclairé, vous en voyez l'expression dans les journaux, non pas seulement dans les journaux de langue française comme le *Journal égyptien* (1), — qu'on pourrait suspecter de subir des influences européennes — mais dans des journaux arabes, tels que *El Ahram* et *le Moayyad*, rédigés et lus par des indigènes. »

« Comment le sentiment public que traduisent ces journaux, pourrait-il être favorable à la domination anglaise ? Je vous ai exposé comment la Grande-Bretagne remplissait son rôle de peuple éducateur. J'aurais pu parler de notre Assemblée de Notables et de Notre Conseil législatif — embryons d'organisme parlementaire qu'on s'est efforcé de rabaisser, d'annihiler. Quoique choisis avec soin par lord Dufferin, les membres du Conseil législatif n'ont pu se dispenser de traduire le vœu général en réclamant la fin de l'occupation. Depuis, l'agence anglaise a résolu de briser le rouage qu'elle avait elle-même créé (2).

(1) On sait que le Directeur propriétaire du *Journal égyptien*, un Italien, M. Guarnieri, a été expulsé en août 1891 par le consul italien, à la demande de l'Agence anglaise.

(2) Un procès scandaleux a été intenté en août 1891 au

« Voilà quel a été le rôle de l'Angleterre, depuis qu'elle s'est implantée par la force dans notre pays. Tandis qu'elle se donnait hautement pour mission apparente de nous mettre en état de nous gouverner nous-mêmes, en fait elle poursuivait obstinément la destruction de toute espèce de supériorité indigène, l'abaissement des dignités et des caractères.

« Est-il exact que l'occupation anglaise, si elle n'a pas contribué à notre relèvement moral, ait du moins amélioré notre situation matérielle? Il faut s'entendre et, pour que je puisse répondre avec plus de clarté, poser les questions suivantes :

« L'Angleterre a-t-elle créé en Egypte, de sa propre initiative, depuis l'occupation, des institutions qui aient amélioré le sort des Egyptiens?

« Je réponds : *Non*.

« L'Angleterre a-t-elle poursuivi le développement des institutions créées en Egypte par le contrôle européen?

« Je réponds *oui*, et c'est à quoi nous devons d'être en 1894, au point de vue financier, agri-

---

Président et au Vice-président du Conseil législatif, sous le prétexte qu'ils avaient *acheté* des esclaves. Le président, Chérif pacha, vieillard plus que septuagénaire, ne comparût point. Les autres accusés, traduits devant un Conseil de guerre, furent *acquittés*. Le Sirdar manifesta un moment l'intention d'annuler ce jugement.

cole, industriel, dans une situation très supérieure à celle que nous avions en 1882. Mais *dans nombre d'institutions créées par l'Europe dans un intérêt d'abord égyptien, subsidiairement européen, l'Angleterre a introduit des modifications, dans un intérêt purement anglais, et ces modifications sont regrettables parfois, onéreuses toujours.* Si cela ne vous semble pas trop long, je vous développerai avec des détails et des faits, ce que je résume dans cette formule.

« Examinons d'abord les finances : il avait été admirablement pourvu aux intérêts des créanciers de l'Egypte par l'institution de la Caisse de la Dette dont un des commissaires est un Anglais. Si l'on trouvait que les finances égyptiennes, en dehors des revenus qui servent de garanties aux créanciers, n'étaient pas suffisamment contrôlées, pourquoi ne pas avoir confié le contrôle à la Caisse de la Dette? On a préféré installer un « conseiller financier » anglais, qui est en réalité le véritable ministre des finances. Cela nous coûte 4290 livres par an et tout notre budget, — je vous le montrerai tout à l'heure — est contrôlé au point de vue anglais. C'est un instrument de domination pour l'Angleterre, — un instrument d'oppression pour le peuple égyptien.

« La politique financière anglaise en Égypte a été habile, trop habile. On s'est dit : Qui, en Europe, s'intéresse à l'Égypte? Ses créanciers. Si donc nous donnons satisfaction à ceux-ci, l'Europe trouvera que tout va bien en Égypte sous la domination anglaise. Eh bien, en effet, grâce à l'organisation ancienne qu'on a laissée fonctionner et se développer, les intérêts des créanciers de l'Égypte sont parfaitement protégés. Mais ceux des Égyptiens? Hélas, ceux-ci sont traités avec une dureté, une rapacité telles qu'ils n'ont jamais connu pire, même aux temps les plus pénibles du pouvoir absolu. Pauvres fellahs! Tandis qu'ils vont chez l'usurier, notre budget prodigue les milliers de livres aux conseillers anglais, sous-secrétaires d'Etat anglais, chefs de service anglais, etc.

« Lequel, parmi nos maîtres momentanés, a pris souci de ces pauvres diables de fellahs? C'eut été pourtant semble-t-il le devoir d'un peuple « éducateur ». Payer à un très haut prix un grand nombre de fonctionnaires anglais, certes cela est très flatteur pour un fellah égyptien. Mais peut-être eut-il préféré que l'impôt devint un peu moins lourd ou qu'avec les mêmes sommes on lui fît par exemple un cadastre. L'administration a eu uniquement pour objectif de produire beaucoup de revenus, parce qu'il fallait au système anglais beaucoup d'argent. Étonnez-vous, après cela, que le système anglais ne soit pas populaire? On a, par exemple, mis un tel impôt sur le tabac que tous les fellahs ont dû en cesser la culture : ce qui ne les empêche pas de payer ce tabac beaucoup plus cher pour leur consommation. De même, afin d'augmenter les recettes des voies ferrées, on a établi des péages de navigation qui écrasent les transports par eau...

« Aucune question d'impôts n'a été étudiée avec des vues d'ensemble. On a tenté certains dégrèvements locaux, mais sans étude préalable, sans préoccupation de justice et d'équilibre général. Un incident légendaire caractérise la gestion financière : Sir Edgar Vincent, le conseiller financier anglais, fit une année de onze mois pour éviter le déficit et créer un excédent.

« Les Anglais de bonne foi reconnaissent volontiers l'exactitude de tout ce que je vous ai rapporté jusqu'ici. Mais ils se glorifient des « travaux publics » accomplis par leurs soins. Ils ont fait beaucoup, c'est vrai, mais à un prix extrêmement élevé, non seulement parce que les employés anglais de tout ordre sont chers, mais parce que là encore tout a été fait sans méthode. C'est en effet la différence caractéristique qui existe entre les entreprises qui ont été dirigées par des Français et celles qui ont été conduites par des Anglais : les premières avaient toujours un point de départ, une vue d'ensemble, un plan général auquel tout concourait ; cela d'ailleurs dérive de votre tempérament national. Rien de pareil avec les ingénieurs Anglais ; tout est fait de pièces et de morceaux. Ils ont par exemple remarquablement réparé le barrage, mais tout le système d'irrigations de la Haute-Égypte est défectueux. Après qu'ils eurent dépensé des millions à faire des canaux d'irrigation pour les terrains *charakis* (1), M. Prompt démontra qu'un système judicieux de réservoirs était préférable ; on a dû se rallier à cette idée et voilà des millions dépensés inutilement. Il est vrai que par *cant*, maintenant, au lieu d'adopter les plans de M. Prompt, qui étaient simples et pratiques, on a chargé des ingénieurs anglais d'en dresser d'autres qui sont à la fois barbares et onéreux, — par exemple celui qui comporte la destruction de Philæ.

« Tenez, j'ai pu me procurer un exemplaire du budget. Voulez-vous que nous le parcourions? Voyez, chaque ministre égyptien — qui subit

(1) Non inondés dans les années de basse crue.

une retenue sur ses appointements — est doublé d'un sous-secrétaire d'État payé de 1500 à 2000 livres (1), qui, lui, ne subit aucune retenue. Et cela va sans cesse en augmentant. Je vous disais tout à l'heure que le service du conseiller financier anglais nous coûtait 4290 livres par an, ce qui ne nous empêche pas, d'ailleurs, d'avoir un sous-secrétaire d'État à 2000 livres. Vous pouvez, en cette matière, poser une règle générale : Dans tout service qui est un moyen de gouvernement, dans tout ce qui peut permettre d'étendre et d'affermir la domination anglaise, des fonctionnaires anglais ont été introduits et les dépenses ont atteint ainsi des chiffres élevés. Voyez aux Travaux Publics; l'administration *centrale*, à elle seule, absorbe 158889 livres par an (en augmentation énorme de 1894 sur 1893) tandis que les services *techniques* ne coûtent que 13783 livres. On nous a inondés de jeunes Anglais, à moitié éduqués, n'ayant fait aucun stage, qui gagneraient à peine 300 livres dans leur pays et à qui, ici, on en alloue immédiatement 1000, avec notre argent. Pour d'autres, ce seraient des appointements obtenus après de longues années de service, pour eux, c'est un chiffre de début. Nous avons

(1) Rappelons que la livre égyptienne vaut 26 francs environ.

ainsi redoré le blason de nombreuses familles anglaises; hélas! le pauvre fellah, succombant sous le poids des impôts apprécie insuffisamment cet honneur. Quand on pense que tout le budget du service des Antiquités, — la gloire et aussi la fortune de l'Égypte, où nos monuments et notre musée attirent tant d'étrangers — n'est que de 10000 livres par an! M. de Morgan, n'a que 1000 livres d'appointements, juste autant que le premier blanc-bec arrivé d'Eton. En revanche, le service de « répression de la traite » qui ne sert absolument à rien, touche 13113 livres par an! Je dis qu'il ne sert à rien : 1° parce que la *traite* n'existe plus en Égypte, quoique le service s'efforce de faire croire le contraire pour justifier son existence; 2° parce que la traite ne pourrait se faire que par les ports de la côte ou par le Haut-Nil où l'armée fait elle-même la police. Le « service de la traite » est une des plus tristes hypocrisies de l'occupation anglaise en Égypte. Ah! combien sont trompées les âmes généreuses qui, en Angleterre, croient que cela marque une sollicitude pour le sort des indigènes! Nul n'ignore ici que ce service ne s'occupe que d'une chose : de police secrète politique (1). La police

(1) On a vu en effet, en août 1895, que c'est par le moyen de ce service qu'on a cherché à déshonorer le président et le

secrète ! Elle est partout dans le budget : voyez affaires étrangères : *dépenses secrètes*, 300 livres ; guerre, *service secret*, 1100 livres. Notez qu'on ne peut arguer qu'il s'agisse de police ordinaire. Le service de la *sécurité publique* est lui-même des plus largement dotés. Il dépense en 1894 218238 livres, en augmentation de 363 livres sur 1893 (dont encore 1034 livres de *dépenses secrètes*). La « sécurité » sur le canal de Suez, coûte environ 10 000 livres par an (1).

« Je laisse de côté les broutilles, ces 500 livres par an dépensées pour le « jardin zoologique » de Gizeh dont on dit qu'il comprend un directeur et un léopard, les 648 livres des « exilés de Ceylan », les 1000 livres pour l' « amélioration de la race chevaline » et les 200 pour le « *sporting club* d'Alexandrie, » les 2400 livres de pension à Zoubeir pacha Rahmat (2) sans compter 34500 livres de « dépenses imprévues ».

vice-président du Conseil législatif égyptien. Cette assemblée venait justement de réclamer la réorganisation de ce service...

(1) La famille de M. Lemasson, assassiné à Ismaïlia, doit penser que ces 260000 francs par an ne sont pas bien employés.

(2) Ne serait-ce pas l'ancien marchand d'esclaves soudanais, maître de Rabah.

Zoubeir avait conquis le Darfour. On le suspecta alors de vouloir se créer un royaume indépendant et on le rappela au Caire. Tous ses biens furent confisqués après la révolte de son fils Soliman, en 1878. Cette pension est sans doute la

« Mais je vous rappelle que nous payons 84 825 livres pour l'entretien de l'armée d'occupation. Depuis douze ans, cela fait un joli chiffre surtout si l'on songe qu'il a, dans les années du début, atteint jusqu'à 300.000 livres. Si vous ajoutez à cela les appointements des officiers anglais qui commandent l'armée égyptienne et ceux de nos innombrables et coûteux fonctionnaires civils anglais, vous éprouverez je pense, comme nous quelque étonnement en trouvant dans les journaux et même dans certains documents officiels britanniques la mention des « sacrifices » que l'Angleterre a faits pour l'Egypte.

« Des sacrifices ! En réalité, et il est nécessaire de le dire, nous sommes une véritable « vache à lait » pour certaines familles anglaises. C'est une chose peu connue, et qui soulèverait quelque scandale même en Angleterre, si l'on publiait la liste des fonctionnaires anglais 'payés par le budget égyptien. avec leur âge et le relevé de leurs appointements avant qu'ils vinssent en Egypte.

rançon de cette confiscation. Zoubeir fut interné plusieurs années à Gibraltar.

Rabah a été d'abord l'esclave, puis un des officiers de Zoubeir, avant de devenir, en 1878, le principal lieutenant de Soliman, et dernièrement le conquérant de Baguirmi et du Bornou.

« Je ne veux point vous ennuyer plus longtemps avec des chiffres. Permettez-moi pourtant de vous faire remarquer que depuis 1890, sans vouloir remonter plus haut, les *seules dépenses* qui soient en augmentation constante sont celles qui servent la domination anglaise. Voici par exemple un petit tableau instructif.

De 1890 à 1894 :

La sécurité publique passe de	200 156 livres à	218 858
Le service de la traite —	8 061 —	13 113
L'administration centrale des travaux publics passe de......	126 481 —	158 859
Le service de sécurité de la frontière passe de..............	1 380 —	2 608
Le service de la guerre passe de	116 607 —	473 503

» Pour la guerre, vous savez vous-même que nous ne pouvons courir de danger qu'en Nubie et que ce danger, s'il existe encore, a en tout cas diminué de 1890 à 1894. De même pour la traite, la police : ou l'occupation anglaise a eu pour effet d'augmenter le nombre des malfaiteurs — ce qui n'est pas — ou la gestion financière de ces services est mauvaise, ou enfin les augmentations de dépenses ont un autre but que leur objet officiel.

« Je vous ai suffisamment démontré, monsieur, que nous n'avions pas plus à nous louer de l'occupation anglaise, au point de vue matériel qu'au point de vue moral. Je parle ici en Égyptien, rien qu'en Égyptien. Si nous supposions que la France nourrit le dessein de se substituer ici purement et simplement à l'Angleterre, — quelle que soit la sympathie pour ainsi dire historique que la France nous inspire et quelque facile que puisse être la pénétration entre deux peuples que la même législation a accoutumés aux mêmes manières de voir — nous serions aussi résolument adversaires de la France que nous le sommes actuellement de la Grande-Bretagne. Mais nous avons foi dans la sincérité de vos déclarations, c'est pourquoi nous vous considérons comme les défenseurs désintéressés de notre autonomie...

« Ne vous étonnez point, si les faits que je vous ai exposés ont eu au contraire pour résultat de créer ici à l'Angleterre une impopularité profonde, qui, en dépit de la douceur de notre caractère, éclate à tout instant et se manifeste de toutes les façons : un directeur d'école, anglais lui-même, se plaignait à moi l'autre jour de la mauvaise volonté que lui témoignaient les enfants. « Les gamins, disait-il, ont arrêté de « mettre à l'amende ceux d'entre eux qui parle- « ront anglais pendant les récréations et avec le « produit de ces amendes, ils achèteront des « livres français... »

« Malgré tout, j'ai une foi profonde dans l'avenir. Je refuse de croire d'abord qu'un grand peuple, comme le peuple anglais, puisse longtemps manquer à sa parole, et aussi qu'il veuille de propos délibéré réduire à la servitude une nation qu'il a pris l'engagement d'éduquer et de relever.

« J'ai moi-même une haute opinion du peuple anglais : je suis convaincu qu'il ne voit pas la question égyptienne sous son véritable jour et qu'il est trompé par ceux qui vivent à nos dépens et qui ont un intérêt particulier à notre malheur. Le jour où le peuple anglais saura comment nous sommes gouvernés, comment l'Angleterre qui est si fière de sa mission civilisatrice dans le monde, qui s'intéresse tant aux indigènes, traite ici un peuple doux et laborieux, je ne puis croire qu'il tolèrera la continuation d'un pareil état de choses. Sans quoi nous serions obligés d'admettre qu'il n'existe plus ni droit international, ni honneur des peuples !

« Je vous le répète, j'ai foi dans l'avenir : En mars 1883, le musée de South Kensington, de Londres, emprunta à notre Musée arabe, pour une exposition, ses belles lampes de mosquée en verre émaillé.

« L'administration du Musée arabe réclama ces

lampes à plusieurs reprises. Le South Kensington dans l'intérêt de l'art arabe, j'en suis convaincu; avait une peine extrême à s'en séparer. En 1885, deux ans après, il répondait encore en substance : « *Que les lampes sont très admirées à Londres et qu'il serait dommage de les renvoyer quant à présent, parce qu'on doit éviter de faire voyager des objets aussi fragiles et qu'il pense que la description détaillée qu'il envoie suffira au Comité pour le but qu'on se proposait en demandant ces lampes* (1). » Cette difficulté de faire voyager des objets fragiles dura encore longtemps. Mais enfin, en avril 1887, nos réclamations réitérées aboutirent. Les lampes furent restituées. Eh bien, monsieur, le South Kensington tenait autant — dans l'intérêt de l'art arabe — à nos lampes, que l'Angleterre tient — dans l'intérêt de l'ordre — à l'administration de l'Egypte. Et il y avait certainement moins de chances de voir s'améliorer les conditions de transport des objets fragiles qu'il n'y en a de voir s'améliorer notre situation politique. Pourtant les lampes ont été rendues. Notre pays aussi nous sera rendu : nous sommes patients; nous attendrons. »

(1) Procès-verbal officiel des séances du Comité de conservation des monuments de l'art arabe.

XXV

Retour.

Le moment est venu de songer au retour : nos
compagnons de voyage nous ont quittés les uns
après les autres. La plupart se dirigent vers la
Palestine, pour compléter leur « tour d'Orient ».
Nous ne les envions point ; dans les voyages, la
multiplicité des impressions nuit à leur profondeur ; chaque émotion nouvelle atténue un peu
la fraîcheur des précédentes... Nous aimons
mieux garder notre vision si complète, si intense, de l'Egypte des Pharaons, des Arabes et
des Fellahs. Les dernières heures sont pénibles ;
déjà nous pensons aux intempéries, aux tracas
qui nous attendent en Europe. Dans trois jours,
un paquebot puant nous emportera : les temples,
les pyramides, les scarabées, les mosquées, les
âniers, toutes ces choses délicieuses au milieu
desquelles nous avons vécu pendant trois mois,
ne seront plus qu'un souvenir...

On part habituellement du Caire dans l'après-
midi, pour arriver à Alexandrie, à l'heure du

dîner. La mélancolie de la nuit tombante donne au paysage un aspect en harmonie avec nos pensées. C'est pourtant la même campagne du Delta, qui nous semblait si vivante et si gaie, le jour de l'arrivée, les mêmes champs peuplés de fellahs et d'animaux, les chemins surélevés où passe la foule des campagnards, les bouquets de palmiers barrant l'horizon, les canaux où les vis d'Archimède, les norias, les chadoufs puisent l'eau qu'elles déversent dans les terres verdoyantes. Mais notre état d'âme a changé... Chaque tour de roue augmente notre serrement de cœur et c'est maintenant une complainte attristée que nous chante le train en marche...

Alexandrie. Nous nous rendons à l'*Hôtel khédivial*, le meilleur de la ville; presque tous les voyageurs y passant la veille de leur embarquement, la liste de l'hôtel nous renseigne déjà sur nos compagnons du surlendemain. Le port de l'Égypte n'est pas seulement, comme on se plaît à le répéter, un entrepôt commercial. S'il possède de larges voies semblables à celles de nos villes européennes, il s'y trouve aussi des quartiers pittoresques; les environs sont assez curieux et il serait intéressant d'étudier sa population cosmopolite ouverte et accueillante. Mais si Alexandrie ne crée point quelque obligation aux touristes — celle de visiter un Musée important, par exemple, — elle sera toujours pour eux un lieu de passage rapide : on est si pressé de voir le Caire, à l'arrivée, et, au départ, les dernières heures sont tellement découragées ! Notre histoire est probablement celle de tous les promeneurs : une vaste rue semblable à celle des ports méditerranéens, un quartier cosmopolite, où grouille devant des boutiques trop régulières mais déjà amusantes de couleur, une foule bigarrée; une promenade à Ramleh où souffle un vent froid qu'on ne connaît plus depuis des mois; une charmante réception dans une aimable famille d'Alexandrie, les de Menasce. — cela résume nos impressions.

Le lendemain, chargés de fleurs que nous ont apportés nos nouveaux amis, nous rangeons tristement nos bagages dans la cabine du *Hydaspes* qui nous ramènera à Naples. Plus de cent Anglais encombrent les premières; nous retrouvons heureusement des compagnons du Haut-Nil, les Peill et leur conversation empêche le passé si récent d'être déjà une chose morte... La sirène retentit, le vapeur évolue à travers les passes; bientôt les hautes maisons d'Alexandrie s'estompent dans la brume, la côte basse d'Afrique s'abaisse au sein des eaux. Au revoir, terre d'Égypte, puisqu'il est écrit que ceux qui ont bu l'eau sacrée de ton fleuve reviendront pour la boire encore sans que jamais ton noble souvenir puisse souffrir des atteintes de l'oubli !

FIN

TABLE DES MATIÈRES

ITINÉRAIRES..   1

I

De Port-Saïd au Caire............................   8

II

Au Caire..   18

III

Un mariage égyptien. — Une caravane.................   29

IV

Memphis..   41

V

Assiout..   54

VI

Tartarin sur le Nil. — Les ruines de Thèbes. — Louqsor.
— Qournah. — Les tombeaux des Rois. — Deïr-el-
Bahari. — Le Ramesseum............................   66

VII

Karnak. — Les Scarabées. — Le Ramesseum. — Deir-
el-Medineh. — Medinet-Abou. — Les Colosses — Une
fête sportive à Louqsor............................   86

VIII

De Louqsor à Assouan. — Esnèh. — Edfou. — Komombos. — Assouan. — L'île d'Éléphantine. — Le bazar..   100

IX

D'Assouan à Ouadi-Halfa. — Embarquement à bord du
Samneh, à Chellal. — Ouadi-Seboua. — Korosko. —
Cook's crocodile.. 116

X

La « bataille de Toski ».. 126

XI

Les temples d'Abou-Simbel. — Ouadi-Halfa. — Une conversation avec le major Palmer.................................. 133

XII

Tewfikieh. — Le village nègre des Soudanais. — Le chemin de fer. — Musique nègre. — A la deuxième cataracte. — Les chameaux. — Le roc d'Aboucir.......... 149

XIII

Le chemin du retour. — Au-dessus d'Abou-Simbel. —
Kalabcheh. — Philœ. — Assouan, Louqsor........... 159

XIV

Kenêh. — Sur le chemin d'Abydos. — Les temples de
Seti Ier et de Ramsès II. — La Nécropole. — Assiout.
— Retour au Caire.. 175

XV

Séjour au Caire. — L'hôtel Shepheard. — Le Musée de
Gizeh. — Le commerce des momies. — Les Pyramides.
— Le sphynx. — L'ascension de la Pyramide........ 186

XVI

Chez M. Parvis. — Héliopolis et l'arbre de la Vierge. —
Koubbêh. — Un parc à autruches. — Le bazar de Khan-
Khalil. — Les drapeaux. — Dans les rues du Caire. —
Ibrahim, cheick honoraire des Pyramides. — Le Bar-
rage du Nil... 205

XVII

Les trésors de Dahchour. — Excursions à Dahchour. —

Dans les fouilles. — En train de marchandises. — Un
coucher de soleil.. 219

XVIII

L'Art arabe. — Souvenirs d'Andalousie et de Stamboul.
— Premières impressions. — Le musée arabe. — Les
mosquées : Amrou, Touloun, El Azhar, Kalaoun, Hassan. — Les tombeaux des Mamelucks : Kaït-bay,
Barkouk. — Sebils et portes............................ 232

XIX

Les monuments de l'art arabe. — Comité de conservation. — Le musée arabe. — Travaux de conservation
et de restauration. — Budget insuffisant. — Quelques
vœux........... 243

XX

La question politique : le problème égyptien. — Le gouvernement de l'Égypte. — Le rôle et les droits de l'Europe. — Situation de fait de l'Angleterre. — Assemblée
des notables. — Ministères. — Finances. — Caisse de
la Dette. — Intérieur. — Travaux publics. — Guerre.
— Justice. — Instruction publique............ 252

XXI

Entretien avec un gentleman anglais..................... 262

XXII

Entretien avec un homme politique autrichien. — Le
point de vue allemand.................................. 271

XXIII

Entretien avec un diplomate français..................... 275

XXIV

Entretien avec un jeune Égyptien........................ 323

XXV

Retour............. 346

8532-91. — Corbeil. Imprimerie Éd. Crété.

LIBRAIRIE HACHETTE & Cie

Collection de Voyages illustrés (form. in-16)

Chaque volume : broché, 4 fr., — relié en percaline, 5 fr. 50.

ABOUT (Ed.) : LA GRÈCE CONTEMPORAINE. — 1 vol.
ALBERTIS (D') : LA NOUVELLE-GUINÉE. — 2 vol.
AMICIS (DE) : CONSTANTINOPLE. — 1 vol.
— L'ESPAGNE. — 1 vol.
— LA HOLLANDE. 1 vol.
— SOUVENIRS DE PARIS ET DE LONDRES. — 1 vol.
BELLE (H.) : TROIS ANNÉES EN GRÈCE. — 1 vol.
BOULANGIER : VOYAGE A MERV. — 1 vol.
BOVET (Mlle M.-A. DE) : TROIS MOIS EN IRLANDE. — 1 vol.
CAMERON : NOTRE FUTURE ROUTE DE L'INDE. — 1 vol.
CAVAGLION : 254 JOURS AUTOUR DU MONDE. — 1 vol.
CHAFFANJON : L'ORÉNOQUE ET LE CAURA. — 1 vol.
CHAUDOUIN : TROIS MOIS DE CAPTIVITÉ AU DAHOMEY. — 1 vol.
COTTEAU (Edmond) : DE PARIS AU JAPON A TRAVERS LA SIBÉRIE. — 1 vol.
— UN TOURISTE DANS L'EXTRÊME-ORIENT. — 1 vol.
— EN OCÉANIE. — 1 vol.
FARINI (G.-A.) : HUIT MOIS AU KALAHARI. — 1 vol.
FONVIELLE (W. DE) : LES AFFAMÉS DU PÔLE NORD. — 1 vol.
GARNIER (Francis) : DE PARIS AU TIBET. — 1 vol.
HUBNER (Comte de) : PROMENADE AUTOUR DU MONDE. — 2 vol.
LABONNE : L'ISLANDE. — 1 vol.
LARGEAU (Victor) : LE PAYS DE RIRHA. — 1 vol.
— LE SAHARA ALGÉRIEN. — 1 vol.
LECLERCQ : VOYAGE AU MEXIQUE. — 1 vol.
— LA TERRE DES MERVEILLES. — 1 vol.
MARCHE (Alfred) : TROIS VOYAGES DANS L'AFRIQUE OCCIDENTALE. — 1 vol.
— LUÇON ET PALAOUAN. — 1 vol.
MARKHAM : LA MER GLACÉE DU PÔLE. — 1 vol.
MONTANO (Dr) : VOYAGE AUX PHILIPPINES. — 1 vol.
MONTÉGUT (E.) : EN BOURBONNAIS ET EN FOREZ. — 1 vol.
— SOUVENIRS DE BOURGOGNE. — 1 vol.
— LES PAYS-BAS. — 1 vol.
PFEIFFER (Mme Ida) : VOYAGE D'UNE FEMME AUTOUR DU MONDE. — 1 vol.
RABOT (Ch.) : A TRAVERS LA RUSSIE BORÉALE. — 1 vol.
RECLUS (Armand) : PANAMA ET DARIEN. — 1 vol.
RECLUS (Elisée) : VOYAGE A LA SIERRA NEVADA DE STE-MARTHE. — 1 vol.
ROUSSET (L.) : A TRAVERS LA CHINE. — 1 vol.
SIMONIN (L.) : LE MONDE AMÉRICAIN. — 1 vol.
TAINE (H.) : VOYAGE EN ITALIE. — 2 vol.
— VOYAGE AUX PYRÉNÉES. — 1 vol.
— NOTES SUR L'ANGLETERRE. — 1 vol.
TANNEGUY DE WOGAN : VOYAGES DU CANOT EN PAPIER LE « QUI VIVE ». — 1 vol.
THOMSON (J.) : AU PAYS DES MASSAÏ. — 1 vol.
THOUAR : EXPLORATIONS DANS L'AMÉRIQUE DU SUD. — 1 vol.
UJFALVY-BOURDON (Mme DE) : VOYAGE D'UNE PARISIENNE DANS L'HIMALAYA OCCIDENTAL. — 1 vol.
VERSCHUUR : AUX ANTIPODES. — 1 vol.
— VOYAGES AUX TROIS GUYANES ET AUX ANTILLES. — 1 vol.
WEBER (Ernest DE) : QUATRE ANNÉES AU PAYS DES BOERS. — 1 vol.

6-94

Reliure serrée

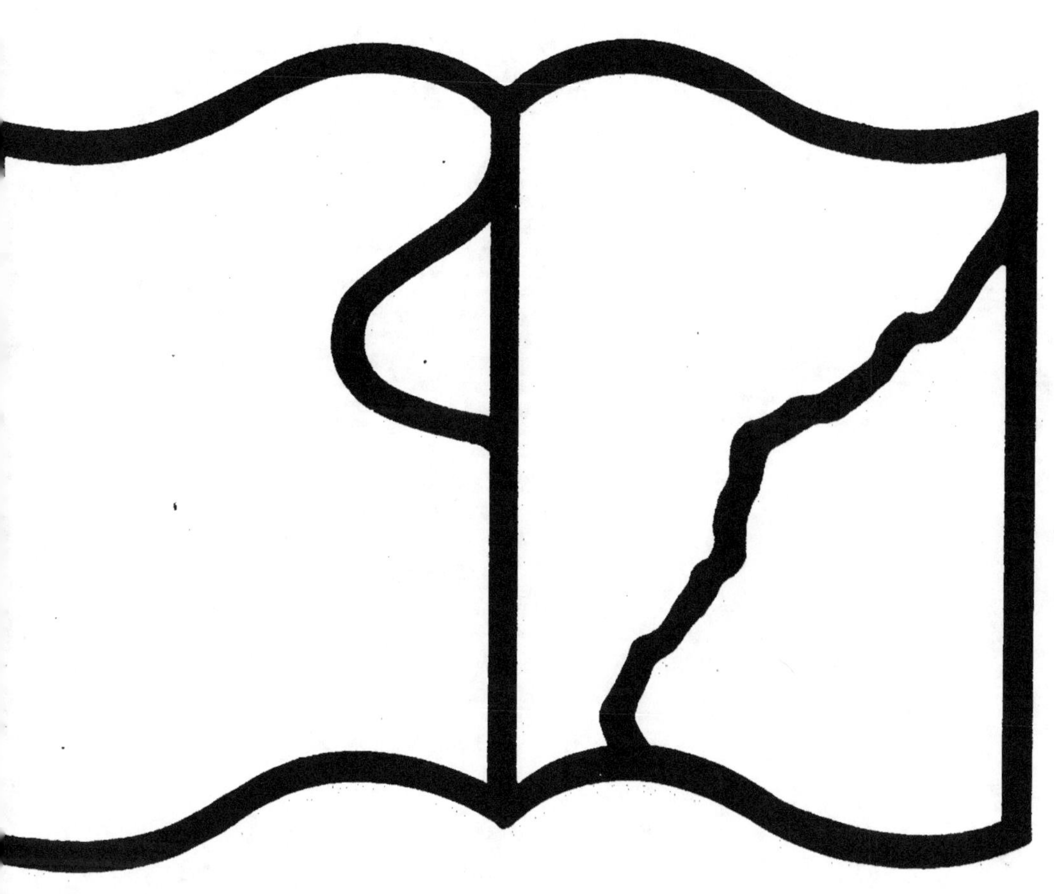

Texte détérioré — reliure défectueuse

NF Z 43-120-11